住房城乡建设部土建类学科专业“十三五”规划教材
全国住房和城乡建设职业教育教学指导委员会规划推荐教材

市政工程造价实训

（市政工程技术专业适用）

本教材编审委员会组织编写
胡晓娟　　主　编
钱　磊　　副主编
袁建新　　主　审

中国建筑工业出版社

图书在版编目(CIP)数据

市政工程造价实训/胡晓娟主编. —北京：中国建筑工业出版社，2018.12

住房城乡建设部土建类学科专业“十三五”规划教材. 全国住房和城乡建设职业教育教学指导委员会规划推荐教材（市政工程技术专业适用）

ISBN 978-7-112-22633-7

Ⅰ.①市… Ⅱ.①胡… Ⅲ.①市政工程-工程造价-教材 Ⅳ.①TU723.3

中国版本图书馆CIP数据核字(2018)第199868号

本教材根据《建设工程工程量清单计价规范》GB 50500—2013、《市政工程工程量计算规范》GB 50857—2013，参照2015版《四川省建设工程工程量清单计价定额》等编写。主要内容包括市政工程造价实训准备工作、定额计价方式确定市政工程造价、清单计价方式确定市政工程造价等。本教材理论联系实践，通俗易懂、深入浅出。

本教材可以作为工程造价、市政工程技术等相关专业学生进行职业能力训练的实训教材，也可以作为市政工程造价人员掌握市政工程计量与计价基本技能和提高专业能力的参考资料。

责任编辑：聂　伟　王美玲
责任校对：张　颖

住房城乡建设部土建类学科专业“十三五”规划教材
全国住房和城乡建设职业教育教学指导委员会规划推荐教材

市政工程造价实训

（市政工程技术专业适用）

本教材编审委员会组织编写
胡晓娟　主　编
钱　磊　副主编
袁建新　主　审

*

中国建筑工业出版社出版、发行(北京海淀三里河路9号)
各地新华书店、建筑书店经销
北京红光制版公司制版
河北鹏润印刷有限公司印刷

*

开本：787×1092毫米　1/16　印张：11½　字数：258千字
2018年12月第一版　2018年12月第一次印刷
定价：**28.00**元
ISBN 978-7-112-22633-7
(32757)

本套教材编审委员会名单

序　言

2015年10月受教育部（教职成函〔2015〕9号）委托，住房城乡建设部（住建职委〔2015〕1号）组建了新一届全国住房和城乡建设职业教育教学指导委员会市政工程类专业指导委员会，它是住房城乡建设部聘任和管理的专家机构。其主要职责是在住房城乡建设部、教育部、全国住房和城乡建设职业教育教学指导委员会的领导下，研究高职高专市政工程类专业的教学和人才培养方案，按照以能力为本位的教学指导思想，围绕市政工程类专业的就业领域、就业岗位群组织制定并及时修订各专业培养目标、专业教育标准、专业培养方案、专业教学基本要求、实训基地建设标准等重要教学文件，以指导全国高职院校规范市政工程类专业办学，达到专业基本标准要求；研究市政工程类专业建设、教材建设，组织教材编审工作；组织开展教育教学改革研究，构建理论与实践紧密结合的教学体系，构筑校企合作、工学结合的人才培养模式，进一步促进高职高专院校市政工程类专业办出特色，全面提高高等职业教育质量，提升服务建设行业的能力。

市政工程类专业指导委员会成立以来，在住房城乡建设部人事司和全国住房和城乡建设职业教育教学指导委员会的领导下，在专业建设上取得了多项成果。市政工程类专业指导委员会制定了《高职高专教育市政工程技术专业顶岗实习标准》和《高职高专教育给排水工程技术专业顶岗实习标准》；组织了“市政工程技术专业”、“给水排水工程技术专业”理论教材和实训教材编审工作。

在教材编审过程中，坚持了以就业为导向，走产学研结合发展道路的办学方针，以提高质量为核心，以增强专业特色为重点，创新教材体系，深化教育教学改革，围绕国家行业建设规划，系统培养高端技能型人才，为我国建设行业发展提供人才支撑和智力支持。

本套教材的编写坚持贯彻以素质为基础，以能力为本位，以实用为主导的指导思路，毕业的学生具备本专业必需的文化基础、专业理论知识和专业技能，能胜任市政工程类专业设计、施工、监理、运行及物业设施管理的高端技能型人才，全国住房和城乡建设职业教育教学指导委员会市政工程类专业指导委员会在总结近几年教育教学改革与实践的基础上，通过开发新课程，更新课程内容，增加实训教材，构建了新的课程体系。充分体现了其先进性、创新性、适用性，反映了国内外最新技术和研究成果，突出高等职业教育的特点。

“市政工程技术”、“给水排水工程技术”两个专业教材的编写工作得到了教育部、住房城乡建设部人事司的支持，在全国住房和城乡建设职业教育教学指导委员会的领导下，市政工程类专业指导委员会聘请全国各高职院校本专业多年从事“市政工程技术”、“给水排水工程技术”专业教学、研究、设计、施工的副教授以上的专家担任主编和主审，同时吸收工程一线具有丰富实践经验的工程技术人员及优秀中青年教师参加编写。该系列教材的出版凝聚了全国各高职高专院校“市政工程技术”、“给排水工程技术”两个专业同行的心血，也是他们多年来教学工作的结晶。值此教材出版之际，全国住房和城乡建设职业教育教学指导委员会市政工程类专业指导委员会谨向全体主编、主审及参编人员致以崇高的敬意。对大力支持这套教材出版的中国建筑工业出版社表示衷心的感谢，向在编写、审稿、出版过程中给予关心和帮助的单位和同仁致以诚挚的谢意。本套教材全部获评住房城乡建设部土建类学科专业“十三五”规划教材，得到了业内人士的肯定。深信本套教材的使用将会受到高职高专院校和从事本专业工程技术人员的欢迎，必将推动市政工程类专业的建设和发展。

全国住房和城乡建设职业教育教学指导委员会
市政工程类专业指导委员会

前　言

实训课程是高职高专的特色课程，是培养高职学生动手能力的重要课程。市政工程造价实训是一门综合性较强的实践课程。为了更好地完成该实训内容，在全国住房和城乡建设职业教育教学指导委员会市政工程类专业指导委员会的指导下，特编写本教材。

本实训教材具有以下特点：

(1) 新。按照新规范、新标准编写，反映了工程造价的最新规定。

(2) 实。按照工作过程，结合工程实例来介绍工程造价的编制方法和编制步骤，能较好地指导学生进行实训，提升实训质量。

(3) 活。针对不同学校的需要，实训内容采取模块组合形式，可以灵活组合，满足不同学校的需求。

(4) 简。紧紧围绕实训内容展开内容介绍，言简意赅。例如，《建设工程工程量清单计价规范》中有完整的计价表格时，教材中不再提供样表。规范没有统一施工图预算表格，学校需要时，可以提供参考用表（电子文档）。

(5) 综合性强。按照实际工作的要求，将招投标、合同管理、项目管理等相关知识融合在实训中，有利于训练学生的综合职业能力。

本教材由四川建筑职业技术学院胡晓娟教授主编，四川建筑职业技术学院钱磊副主编。具体分工为胡晓娟编写第1篇及附录，四川建筑职业技术学院黄己伟编写第2篇，钱磊编写第3篇。本教材由四川建筑职业技术学院袁建新教授主审。

为完整呈现市政工程造价实训的整个过程和具体计算细节，本教材中所有案例的定额编制均参照2015版《四川省建设工程工程量清单计价定额——市政工程》，对于其他地区有一定借鉴意义。编写实训类教材尚属探索阶段，加之编者的水平有限，教材难免还有不妥之处，希望广大读者批评指正。

编者

目　录

第1篇　市政工程造价实训准备工作

第2篇　定额计价方式确定市政工程造价

第3篇　清单计价方式确定市政工程造价

第 1 篇　市政工程造价实训准备工作

项目1　确定实训模拟岗位及相关条件

造价工作贯穿市政建设项目全过程，不仅建设单位要确定工程造价，设计单位、施工单位、工程造价咨询单位都需要开展造价工作。不同的建设阶段、不同的企业确定工程造价的目的、依据、方法都会存在差异，实训前应明确模拟岗位，才能合理确定造价。

〔实训目标〕

1. 了解工程造价工程内容；
2. 清楚工程造价岗位设置；
3. 确定实训模拟岗位。

任务1　工程造价工作内容分析

1. 实训目的

（1）了解市政工程建设项目全过程各阶段工程造价管理工作内容；

（2）了解各阶段市政工程造价费用构成内容。

2. 实训内容

（1）熟悉市政工程建设项目全过程各阶段确定工程造价文件的编制内容；

（2）熟悉各阶段确定工程造价文件之间的关系。

3. 实训步骤与指导

（1）全过程工程造价文件编制程序分析

市政工程建设程序分为决策阶段、设计阶段、交易阶段、施工阶段、竣工验收阶段，各阶段均涉及造价工作内容，详见图1-1。

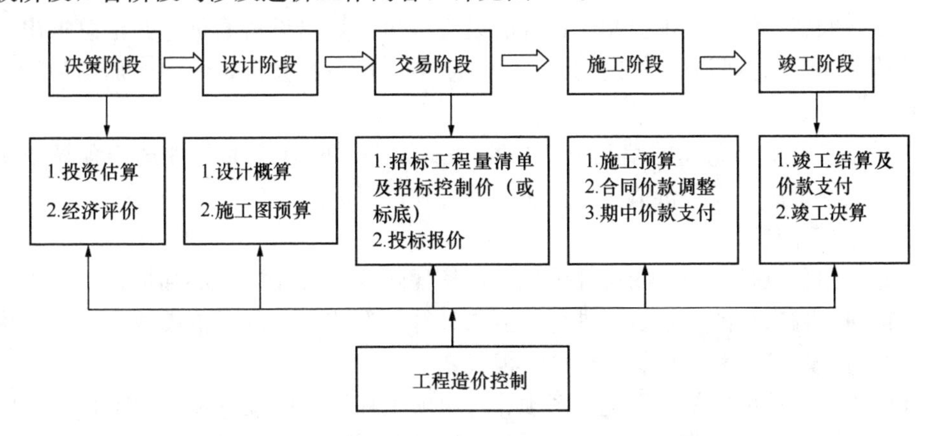

图1-1　市政工程建设各阶段造价工作主要内容分析

投资估算是设计概算的控制数额；设计概算是施工图预算或招标控制价的控制数额；招标控制价（或标底）反映行业的社会平均成本，投标报价反映企业的个别成本，投标报价不能超过招标控制价（或标底）。工程结算价是最终造价，不应突破投标报价。

1）投资估算

① 项目建议书结算投资估算

项目建议书阶段，对项目还处于概念性的理解，投资估算方法主要有生产能力指数法、系数估算法、比例估算法、混合法、指标估算法等。

② 可行性研究阶段的投资估算

可行性研究阶段建设项目投资估算原则上应采取指标估算法。对投资有重大影响的主体工程应估算出分部分项工程量，参考相关定额（概算指标）或概算定额编制主要单项工程的投资估算。具体应该对建筑工程费用、设备购置费用、安装工程费用、工程建设其他费用、基本费用、价差预备费、建设期利息分别估算，对于生产经营性项目，还需要对流动资金进行估算，汇总为投资估算文件，包括编制说明、投资估算分析、总投资估算表、单项工程估算表、主要技术经济指标等内容。

2）设计概算

设计概算可分为单位工程概算、单项工程综合概算和建设项目总概算三级。各级概算之间的相互关系如图1-2所示。

从图1-2可以看出，编制概算的关键是单位工程概算。单位工程概算分为建筑工程概算和设备及安装工程概算，建筑工程概算包括土建工程概算，给水排水、采暖工程概算，通风、空调工程概算，电器照明工程概算，弱电工程概算，特殊构筑物工程概算等。设备及安装工程概算包括机械设备及安装工程概算，电气设备及安装工程概算，热力设备及安装工程概算，工具、器具及生产家具概算等。建筑单位工程概算的编制方法可根据概算编制时具备的条件选用概算定额法、概算指标法、类似工程预算法。

设备及安装单位工程概算包括设备购置费概算和设备安装工程概算两大部分。设备购置费概算是根据初步设计的设备清单计算出设备原价，并汇总求出设备总原价，然后按照有关规定的设备运杂费乘以设备总原价，两项相加即为设备购置费。

设备安装工程概算的编制方法应根据概算编制时具备的条件选用预算单价法、扩大单价法、设备价值百分比法、综合吨位指标法。

3）施工图预算

施工图预算是以施工图设计为依据，按照规定的程序、方法和依据，在工程施工前对工程项目的工程费用进行预测与计算，有传统定额计价模式（以下简称“定额计价模式”）和工程量清单计价模式。

施工图预算由单位工程施工图预算、单项工程施工图预算和建设项目施工图预算三级逐级编制、综合汇总而成，其关键是单位工程施工图预算的编制。狭义的施工图预算特指定额计价模式确定的工程造价，本教材以下提到的施工图预算

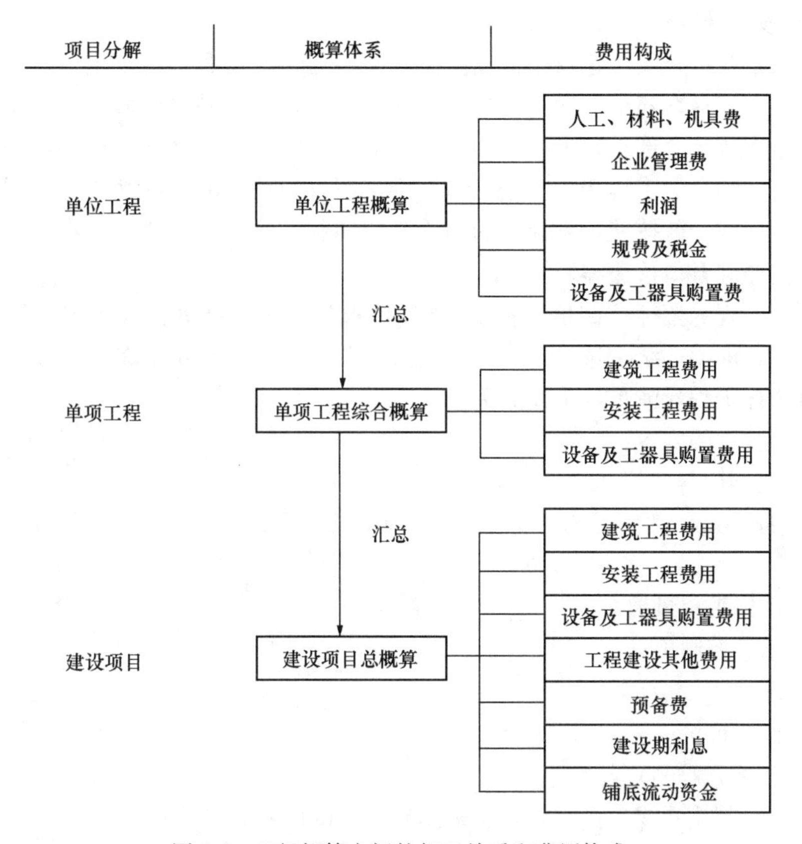

图 1-2　三级概算之间的相互关系和费用构成

就是特指定额计价模式下的施工图预算。

定额计价模式的编制方法是工料单价法，可以分为预算单价法（定额单价法）和实物量法，具体方法应根据当地定额的形式和相关计价规定确定。

工程量清单计价模式的编制方法是综合单价法，可以分为全费用综合单价法和清单综合单价法（不完全单价），目前我国施行的是清单综合单价法。

工程量清单计价模式是工程交易及实施阶段的主要计价模式。

4）招标控制价或标底价

招标控制价是招标人根据国家或省级、行业建设主管部门颁发的有关计价依据和办法，以及拟定的招标文件和招标工程量清单，结合工程具体情况编制的招标工程的最高投标限价。招标控制价按照清单综合单价法编制，必须在招标文件中公布。

标底是招标工程的预期价格，一般采取定额计价模式确定，在开标前是绝对保密的。

5）投保报价

投标报价是投标人投标时响应招标文件要求所报出的对已标价工程量清单汇总后标明的总价。投标报价按照招标文件规定的方法确定，招标文件明确是定额计价模式则按照定额计价的相关方法编制，招标文件明确是工程量清单计价模式则按照综合单价法编制。

6）竣工结算价

竣工结算价是发承包双方依据国家有关法律、法规和标准规定，按照规定约定确定的，包括在履行合同过程中按合同约定进行的合同价款调整，是承包人按合同约定完成了全部承包工作后，发包人应付给承包人的合同总金额，是承包商与业主实际结算的工程造价。竣工结算价按照合同约定的方法编制，合同约定是定额计价模式，就按照定额计价的相关方法编制，合同约定的是工程量清单计价模式就按照综合单价法编制。

同一工程的招标控制价（标底）、投标报价、竣工结算价应采取相同的计价模式编制，即要么统一选择定额计价模式，要么选择工程量清单计价模式，我国目前以选择工程量清单计价模式为主。

（2）实训的内容

1）实训内容建议

宜选择市政工程项目交易阶段的工程造价，即选择以下1～3种造价成果作为实训内容：

① 招标工程量清单；

② 招标控制价；

③ 标底；

④ 投标报价。

2）本实训项目选择

根据培养需要或工作实际，明确本项实训的内容和方法：

① 项目所处的建设阶段：____。

② 实训确定的工程造价内容：____。

③ 编制造价的方法：____。

任务2　确定实训模拟岗位

1. 实训目的

（1）识别确定工程造价的主体；

（2）熟悉模拟岗位及要求。

2. 实训内容

（1）确定工程造价编制主体；

（2）确定工程造价工作岗位。

3. 实训步骤与指导

（1）工程造价从业人员职业资格

国家规定的工程造价从业人员职业资格主要包括法人资格和自然人资格两大类。其中，法人包括招标人、投标人和工程造价咨询人。自然人包括一级造价工程师和二级造价工程师。

在市政工程项目交易阶段，法人各主体的造价主要工作见表1-1。自然人各主体的取得条件、执业范围和执业能力见表1-2。

法人各主体的造价主要工作　　表 1-1

法人资格	主要工作
招标人	具备工程造价编制能力可以自行编制施工图预算、招标工程量清单、招标控制价或标底； 不具备工程造价编制能力就委托具有相应资质的工程造价咨询人编制施工图预算、招标工程量清单、招标控制价或标底
投标人	具备工程造价编制能力可以自行投标报价； 不具备工程造价编制能力就委托具有相应资质的工程造价咨询人编制投标报价
工程造价咨询人	接受招标人或投标人委托编制施工图预算、招标工程量清单、招标控制价（标底）或投标，但是不得接受招标人和投标人对同一建设项目的委托

自然人各主体的取得条件、执业范围和能力　　表 1-2

一级造价工程师	取得条件	① 取得工程造价专业大学专科学历（或高等职业教育），从事工程造价业务工作满5年； ② 取得土木建筑、水利、装备制造、交通运输、电子信息、财经商贸大类大学专科学历（或高等职业教育），从事工程造价业务工作满6年； ③ 取得通过专业评估（认证）的工程管理、工程造价专业大学本科学历或学位，从事工程造价业务工作满4年； ④ 取得工学、管理学、经济学门类大学本科学历或学位，从事工程造价业务工作满5年； ⑤ 取得工学、管理学、经济学门类硕士学位或者第二学士学位，从事工程造价业务工作满3年； ⑥ 取得工学、管理学、经济学门类博士学位，从事工程造价业务工作满1年； ⑦ 取得其他专业类（门类）相应学历或者学位的人员，从事工程造价业务工作年限相应增加1年。 符合条件的人员报名参考，两年内通过《建设工程造价管理》、《建设工程计价》、《建设工程技术与计量》、《建设工程造价案例分析》4个科目的考试，在1个单位注册便可执业
	执业范围	① 项目建议书、可行性研究投资估算与审核，项目评价造价分析； ② 建设工程设计、施工招投标工程计量与计价； ③ 建设工程合同价款，结算价款、竣工决算价款的编制与管理； ④ 建设工程审计、仲裁、诉讼、保险中的造价鉴定，工程造价纠纷调解； ⑤ 建设工程计价依据、造价指标的编制与管理； ⑥ 与工程造价管理有关的其他事项
	执业能力	① 具有编审项目建议书及可行性报告投资估算，优化建设方案并对项目进行经济评价的能力； ② 具有对设计方案及施工组织设计进行技术经济论证、优化的能力，并能编制过程概、预算； ③ 具有编制招标控制价（或标底）及投标报价的能力，并能对标书进行分析、评定； ④ 具有在建设项目全过程中对工程造价实时控制、管理的能力，能编制工程结（决）算； ⑤ 具有组织编制和管理工程造价各类计价依据以及造价指数的测定、分析整理能力； ⑥ 具有运用计算机确定、管理工程造价的能力； ⑦ 有一定的组织、协调和社会调查能力，能对涉及工程造价的诉讼、索赔、保险、审计等开展咨询工作

续表

二级造价工程师	取得条件	① 取得工程造价专业大学专科学历（或高等职业教育），从事工程造价业务工作满2年； ② 取得土木建筑、水利、装备制造、交通运输、电子信息、财经商贸大类大学专科（或高等职业教育）学历，从事工程造价业务工作满3年； ③ 取得工程管理、工程造价专业大学本科及以上学历或学位，从事工程造价业务工作满1年； ④ 取得工学、管理学、经济学门类大学本科及以上学历或学位，从事工程造价业务工作满2年。 符合条件的人员报名参考，两年内通过《建设工程造价管理基础知识》和《专业工程计量与计价》，在一个单位登记注册便可执业
	执业范围	① 建设工程工料分析、计划、组织与成本管理，施工图预算、设计概算编制； ② 建设工程量清单、招标控制价、投标报价编制； ③ 建设工程合同价款、结算和竣工决算价款的编制
	执业能力	① 具有编制、审核建设项目投资估算及项目经济评价的能力； ② 具有编制和审核工程概算、预算、竣工结（决）算、招标工程量清单、招标控制价（或标底）、投标报价的能力； ③ 具有处理工程变更及合同价款调整和计算索赔费用的能力； ④ 具有控制建设项目各阶段的工程造价的能力； ⑤ 具有处理与工程造价业务相关事项的能力

（2）工程造价具体岗位

工程造价是一项十分复杂的专业工作，工作量大、综合性强，实际工作中一般采取团队协作开展工作，不同的企业对工程造价具体岗位的划分有所不同，一般有计量岗位（可以按专业工程进一步细分）、计价岗位、复核岗位，复核可能还会一级复核、二级复核、三级复核等岗位，实训应模拟计量和计价岗位，采取交叉复核的方式进行。

〔实训考评〕

建议对实训模拟岗位的选择以面试方式进行，以考查实训者是否清楚实训内容、方法，成绩可以不单独计算，可结合实训任务综合考虑。

项目 2　确定实训相关条件

工程造价的编制依据包括《建设工程工程量清单计价规范》、相关工程量计算规范、国家或省级、行业建设主管部门颁发的计价定额和办法、建设工程设计文件，此外招标文件、合同主要条款、施工方案等也是重要依据，实训前应结合实训目的、项目特点，完善相关条件，才能合理确定造价。

〔实训目标〕

1. 能确定招标文件中与工程造价相关的主要内容；
2. 能确定施工方案中与工程造价相关的主要内容；
3. 能恰当处理图纸等资料中的问题。

任务 1　完善及应用招标文件

1. 实训目的

招标文件是招标人对发包工程和投标人具体条件和要求的意思表达，既是编制招标工程量清单的依据，也是确定招标控制价的依据，更是投标报价的重要依据，认真研读招标文件，按照招标文件的要求开展相关的计量与计价工作，是工程造价人员的职业能力要求，也是合理确定工程造价的前提条件。

通过本次实训任务，学生应能达到以下能力目标：

（1）清楚招标投标的主要流程；

（2）了解招标文件的主要内容和作用；

（3）具备编制招标文件的基本能力；

（4）能正确应用招标文件编制招标工程量清单、招标控制价和投标报价。

2. 实训内容

（1）完善招标文件的主要内容；

（2）应用招标文件编制招标工程量清单、招标控制价和投标报价。

3. 实训步骤与指导

（1）实训步骤

1）熟悉招标文件示范文本

收集招标文件示范文本，了解招标文件的主要内容。

2）完善招标文件

要求实训者模拟招标人及招标代理机构，完善招标文件，即根据实训工程情况在招标文件的空白处填空。

3）应用招标文件

根据完善后的招标文件开展相关实训任务，即编制招标工程量清单、招标控制价或标底、投标报价等实训任务。

（2）实训指导

招标文件是指由招标人或招标代理机构编制并向潜在投标人发售的明确资格条件、合同条款、评标方法和投标文件相应格式的文件。

国家主管部门颁布了建设工程招标文件系列示范文本，地方主管部门一般会在此基础上进一步细化，形成本地区的招标文件示范文本，其中的工程施工招标文件示范文本是工程发承包招标中的重要文件，是编制招标工程量清单、招标控制价、投标报价的重要文件。

招标文件至少应包括：①招标通告；②投标须知；③资金来源；④投标资格；⑤招标文件和投标文件的澄清程序；⑥投标文件的内容要求；⑦投标价格；⑧标书格式和投标保证金的要求；⑨评标的标准和程序；⑩投标程序；⑪投标有效期、截止期；⑫开标的时间、地点；⑬合同条款及格式；⑭工程量清单等。

认真分析理解招标文件既是合理编制招标工程量清单和招标控制价的需要，也是恰当投标，提高中标概率的重要环节。

招标文件内容多，体例和格式有专门要求，为了方便实训，本书对中华人民共和国《简明标准施工招标文件（2012年版）》进行简化，见附录1。

任务2　完善及应用施工方案

1. 实训目的

工程造价与施工方案直接相关，《建设工程工程量清单计价规范》明确规定，编制招标工程量清单、确定招标控制价都要根据施工现场情况、地勘水文资料、工程特点及常规施工方案；编制投标报价也要根据施工现场特点、工程特点及投标时拟定的施工组织设计或施工方案。了解、熟悉、应用施工方案是工程造价人员重要的职业能力要求，也是合理确定工程造价的前提条件。

通过本实训任务，学生应能达到以下能力目标：

（1）清楚施工方案的主要内容和作用；

（2）具备编制施工方案的基本能力；

（3）能正确应用施工方案。

2. 实训内容

（1）完善施工方案的主要内容；

（2）应用施工方案编制招标工程量清单、招标控制价等造价文件。

3. 实训步骤与指导

（1）实训步骤

1）熟悉施工方案示范文本

收集建设工程施工方案示范文本，了解施工方案的主要内容。

2）完善施工方案

① 要求实训者模拟招标人或其委托的造价咨询人，根据工程所在地施工水平

和现场施工条件，选择常规施工方案。

② 要求实训者模拟投标人或其委托的造价咨询人，根据企业的施工水平和现场施工条件，编制企业的施工方案。

3）应用施工方案

① 模拟招标人或其委托的造价咨询人，应用常规的施工方案编制招标工程量清单和招标控制价。

② 模拟投标人或其委托的造价咨询人，应用企业的施工方案编制投标报价。

(2) 实训指导

施工方案是针对一个施工项目制定的实施方案。其中包括组织机构方案（各职能机构的构成、各自职责、相互关系等)、人员组成方案（项目负责人、各机构负责人、各专业负责人等)、技术方案（进度安排、关键技术预案、重大施工步骤预案等)、安全方案（安全总体要求、施工危险因素分析、安全措施、重大施工步骤安全预案等)、材料供应方案（材料供应流程、接保检流程、临时（急发）材料采购流程）等。

施工方案包括的具体内容包括：①编制依据；②工程概况及特征；③组织机构；④工程管理目标；⑤施工协调管理；⑥施工方案和工艺；⑦质量控制措施；⑧施工布置；⑨工期及进度计划；⑩劳动力安排计划；⑪施工机具配置；⑫安全文明控制措施；⑬工程竣工后保修服务；⑭附件，如拟投入的主要施工机械设备表、劳动力计划表、计划开、竣工日期和施工进度横道图、施工总平面图、临时用地表等。

施工方案是根据项目要求和实际情况，由技术管理团队编制，有些项目简单、工期短，不需要制定复杂的方案。其中分项工程施工方案的选择、施工机械的选择、各种重大措施项目都直接影响工程计量与计价，所以进行工程造价计算前，实训者应模拟技术管理人员，就对工程造价有重大影响的内容进行合理假设，编制招标工程量清单及控制价，应采取工程所在地的常规方案予以假设，编制投标报价则应从投标单位角度拟定符合企业实际情况的施工方案。

施工方案内容多，体例和格式也有要求，为了方便实训，在此对施工方案进行简化，只对与工程造价相关的主要内容予以假设，具体可以参见附录2。

任务3 完善及应用其他资料

1. 实训目的

建设工程设计文件及相关资料是工程计量与计价的重要依据，实际工作中，设计文件可能存在遗漏、矛盾、错误的地方，实际工作中，造价人员可以向招标人或者设计单位提出咨询，取得补充通知或答疑纪要。实训中，实训者参考工作要求，对设计文件存在的问题，模拟招标人或设计人员对存在问题进行书面通知或答复。按照程序在规定的时间内容提出设计文件存在的问题，取得答复，并合理确定造价是工程造价人员重要的职业能力要求，也是合理确定工程造价的前提条件。

通过本实训任务，学生应能达到以下能力目标：

（1）清楚设计文件问题的处理方法；

（2）能模拟设计人员恰当处理设计文件中的问题；

（3）能恰当模拟相关岗位完善实训所需的其他资料。

2. 实训内容

（1）查找设计文件中存在的问题；

（2）形成设计文件补充通知；

（3）完善其他相关资料。

3. 实训步骤与指导

（1）实训步骤

1）识读工程图纸，查找存在的问题。

2）形成设计文件补充通知或者变更资料。

对工程图纸存在的错、漏，根据招标文件明确的方式或者设计文件规定的程序处理。处理时，实训者应模拟作为设计单位，出具设计文件补充通知或者变更资料。

3）应用设计补充文件等资料

根据设计补充文件，编制招标工程量清单、确定招标控制价和投标报价等。

（2）实训指导

建设工程设计文件是施工和编制工程造价文件的主要依据，实际工作中，设计文件可能存在遗漏、矛盾、错误，工程造价人员没有权利自行修改和处理，应按标准格式以书面形式提交给设计单位，会审后整理成册，建设单位、设计单位等各方签字盖章，作为等同于施工图的技术文件。

施工过程中，要进行图纸会审，由工程各参建单位（建设单位、监理单位、施工单位、各种设备厂家）参加，对图纸进行全面细致的熟悉，审查出施工图中存在的问题及不合理情况并提交设计单位进行处理。图纸会审由建设单位负责组织并记录（也可请监理单位代为组织），通过图纸会审可以使各参建单位特别是施工单位熟悉设计图纸、领会设计意图、掌握工程特点及难点，找出需要解决的技术问题并拟定解决方案，从而将因设计缺陷消灭在施工之前。

实训者对图纸进行全面细致阅读，模拟设计人员，对发现的问题，根据相关的设计规范、施工规范、质量规范提出合理方案，形成“施工图纸补充通知”。

图纸补充通知没有明确格式，关键是建设单位、设计单位的签字盖章完整，表达准确清晰，具备法律效力。图纸补充说明具体格式参见附录3。

〔实训考评〕

1. 作为后续项目实训内容的完善，本任务考核应纳入后面相应项目的考核，建议占总成绩的5%。

2. 实训成绩考核记录，见表2-1。

实训成绩考核记录表　　**表 2-1**

序号	考核内容	分值	自评（占 30%）	教师评价（占 70%）
1	完整性、规范性、合理性	5		
2	小计	5		
总评				

第 2 篇　定额计价方式确定市政工程造价

项目3　列项及定额工程量计算

列项是编制施工图预算的起点，是依据施工图纸、有关施工方案及计价定额，按照一定的分部工程顺序，列出各个分项工程项目名称，确定工程量计算范围的过程，并在此基础上进行一系列预算编制工作。

工程量计算是确定工程造价的重要环节之一。若无正确的工程量，后面的费用计算、工料分析就不能达到准确的要求，从而必然会造成计划偏差，出现停工待料或材料积压，影响工期等不良现象。

〔实训目标〕

1. 能合理划分分项工程项目；

2. 能准确理解工程量计算规则；

3. 能准确计算定额工程量。

〔实训案例〕

编制××市政工程道路的施工图预算。

1. 工程概况

某市区混凝土道路长 100 m，宽 10m，道路总厚度 450mm，其中砂砾石基层 300mm，C30 混凝土面层 150mm，两侧设置预制混凝土路缘石（断面为 120mm ×300mm），道路路面结构如图 3-1 所示。

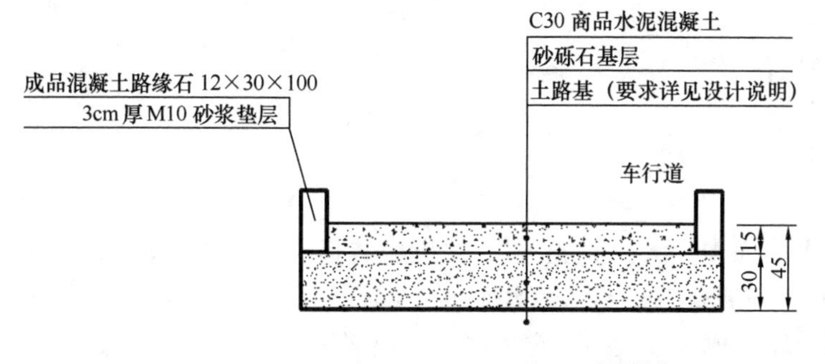

注：1. 本图单位：cm;
2. 本结构图适用于一块板路段；
3. 车道结构层土路基承载力需满足相关设计及施工规范；
4.C30 预制人行道路缘石混凝土长度按 1.0m 计，道路交叉口处按 0.6m 计，为使交叉口圆弧处圆顺，局部位置须切割后安砌。

道路路面结构图

图 3-1　某道路断面图

2. 编制依据

《建筑安装工程费用项目组成》（建标（2013）44 号）、2015 版《四川省建设工程工程量清单计价定额——市政工程》、2015 版《四川省建设工程工程量清单计价定额——爆破工程　建筑安装工程费用　附录》、《建筑业营业税改征增值税四川省建设工程计价依据调整办法》（川建造价发（2016）349 号）、《建筑业营业税改征增值税四川省建设工程计价依据调整办法（川建造价发〔2018〕392 号）》等。

任务 1　列　　项

1. 实训目的

（1）能掌握不同的列项方法；

（2）能根据项目的特点，选取合适的列项方法准确列项。

2. 实训内容

针对实训案例，结合 2015 版《四川省建设工程工程量清单计价定额——市政工程》，划分定额项目。

3. 实训步骤与指导

为了正确地划分工程的定额项目，应注意以下几点：

（1）列项要求

应依据定额子目划分分项工程项目，并注意以下几点：

1）内容对应且完整。项目名称应完整，并且与定额子目名称相符，以便于正确套用定额；

2）对设计图中分布在不同部位，但施工做法相同项目，因其定额名称相同，列项时，应做相应标注加以区别，以便于后期工程量的核对；

3）全面反映工程设计内容，符合计价定额有关规定，不能重复列项，也不能漏项。

（2）列项方法

1）按图纸顺序列项；

2）按定额顺序列项；

3）按施工顺序列项；

4）按综合顺序列项。

4. 实训成果

根据实训案例要求，列出“人工挖土方”、“机械装运土（运距＝5000m）”、“路床碾压整形”、“砂砾石基层”、“C30 水泥混凝土路面”、“安砌混凝土路缘石（中砂）”、“现浇混凝土路面模板”共 7 个定额项目。根据施工图纸和 2015 版《四川省建设工程工程量清单计价定额——市政工程》中定额项目（见表 3-2～表 3-8），确定 7 个项目的定额编号，见表 3-1。

工程量计算表　　**表 3-1**

工程名称：××市政工程道路　　第 1 页　共 1 页

序号	定额编号	项目名称	单位	工程量	计算式
1	DA0004	挖土方 人工	m^3		
2	DA0128 换	机械装运土 运距＝4000m	m^3		
3	DB0053	路床碾压整形	m^2		

续表

序号	定额编号	项目名称	单位	工程量	计算式
4	DB0084 换	砂砾石基层	m^2		
5	DB0164 换	C30 水泥混凝土路面	m^2		
6	DB0239	安砌混凝土路缘石（中砂）	m		
7	DL0196 换	现浇混凝土路面模板	m^2		

注：上表中所示相关定额为 2015 版《四川省建设工程工程量清单计价定额——市政工程》中定额项目，现将主要定额子目摘录如下，详细内容见表 3-2～表 3-8。

挖土方 人工（DA0004）　　表 3-2

工作内容：1. 人工挖土、装土、抛土，修整底边。

2. 机械挖土堆放一边，推土机集土，人力清理机下余土。

3. 推土机推土、弃土、平整。

定额编号		DA0004	DA0005	DA0006	DA0007
项目		挖土方		推土机挖土	
		人工	机械	推距≤20m	每增加 10m 推距
		$100m^3$	$1000m^3$		
基价		1410.59	5028.48	2707.90	316.96
其中	人工费（元）	1270.80	869.10	485.00	51.00
	材料费（元）	—	—	—	—
	机械费（元）	—	3661.06	1954.55	234.55
	综合费（元）	139.79	498.32	268.35	31.41

机械装运土（DA0128）　　表 3-3

工作内容：装、运、卸土，推土机集土，人力清理机下余土，

道路维护，洒水，铺、拆走道板。　　单位：$1000m^3$

定额编号				DA0126	DA0127	DA0128	DA0129
项目				机械装运土			
				全程运距≤500m		全程运距≤15km	
				运距≤200m	每增运 100m	运距≤1000m	每增运 1000m
基价				4826.25	541.84	6211.04	1012.28
其中	人工费（元）			930.60	107.10	1259.55	200.09
	材料费（元）			21.60	—	21.60	—
	机械费（元）			3397.91	381.04	4316.52	711.87
	综合费（元）			476.14	53.70	613.37	100.32
名称		单位	单价（元）	数量			
材料	水	m^3	2.00	10.800	—	10.800	—
机械	柴油	kg		(256.253)	(27.210)	(315.188)	(50.835)
	汽油	kg		(5.992)		(7.138)	

路床碾压整形（DB0053）　　**表3-4**

工作内容：铺筑结构前的放样、挖高填低、找平、放坡、碾压成形。　　单位：$100m^2$

定额编号				DB0053
项目				路床碾压成形
基价				155.94
其中	人工费（元）			39.10
	材料费（元）			
	机械费（元）			
	综合费（元）			27.06
名称		单位	单价（元）	数量
机械	柴油	kg		(7.411)

砂砾石路基（DB0084）　　**表3-5**

工作内容：放线、取料、运料、摊铺、撒砂、找平、碾压。　　单位：$100m^2$

定额编号				DB0082	DB0083	DB0084	DB0085
项目				连槽石基层		砂砾石基层	
				压实厚度（cm）			
				20	每增减1	20	每增减1
基价				1454.99	48.63	1430.30	47.39
其中	人工费（元）			362.23	9.70	336.78	8.85
	材料费（元）			732.60	36.89	738.70	36.68
	机械费（元）			234.79	—	234.79	—
	综合费（元）			125.37	2.04	120.03	1.86
名称		单位	单价（元）	数量			
材料	连槽石	m^3	25.00	22.480	1.130	—	—
	连砂石	m^3	30.00	—	—	24.480	1.220
	细砂	m^3	60.00	2.750	0.140	—	—
	水	m^3	2.00	2.800	0.120	2.150	0.040
机械	柴油	kg		(18.205)	—	(18.205)	—

C30 水泥混凝土（DB0164）　　　　表 3-6

工作内容：将送到浇筑点的成品混凝土进行捣固、抹面、压痕、养护、纵缝刷沥青、安拆、清洗输送管道等。　　　　单位：100m²

定额编号				DB0164	DB0165
项目				商品混凝土路面（C30）	
				设计厚度（cm）	
				20	每增减 1
基价				8365.56	389.81
其中	人工费（元）			759.45	18.75
	材料费（元）			7383.40	364.70
	机械费（元）			29.43	1.42
	综合费（元）			193.28	4.94
名称		单位	单价（元）	数量	
材料	商品混凝土 C30	m³	360.00	20.200	1.010
	水	m³	2.00	31.000	0.500
	其他材料费	元		49.400	0.100

安砌侧（平、缘）石（DB0239）　　　　表 3-7

工作内容：调运砂浆、放样，运料，垫层扒平、夯实；安砌、灌缝、扫缝、材料场内运输。　　　　单位：100m

定额编号				DB0239	DB0240	DB0241
项目				安砌混凝土路缘石（$L \leqslant 100$cm）		
				≤12cm×30cm		
				中砂	特细砂	干混砂浆
基价				1000.65	1000.49	1010.46
其中	人工费（元）			459.07	459.07	456.92
	材料费（元）			445.18	445.02	457.59
	机械费（元）			—	—	—
	综合费（元）			96.40	96.40	95.95
名称		单位	单价（元）	数量		
材料	混凝土路缘石 12cm×30cm×100cm	m³	120.00	3.620	3.620	3.620
	水泥砂浆（中砂）M10	m³	185.80	0.040	—	—
	水泥砂浆（特细砂）M10	m³	181.70	—	0.040	—
	干混地面砂浆	t	260.00	—	—	0.076
	水泥 32.5	kg		(10.600)	(11.680)	—
	中砂	m³		(0.046)	—	—
	特细砂	m³		—	(0.047)	—
	水	m³	2.00	1.500	1.500	1.500
	其他材料费	元		0.350	0.350	0.430

安砌混凝土路面模板（DL0196）　　　　**表3-8**

工作内容：模板制作、安装、刷隔离剂、拆除、修理、堆放及场内外运输、清理模板粘结物及模内杂物、刷油维护等。　　　　单位：100m²

定额编号				DL0196	DL0197	DL0198	DL0199
项目				现浇混凝土路面		现浇混凝土人行道	
				设计厚度（cm）			
				20	每增减1	20	每增减1
				木模			
基价				245.81	14.08	129.59	16.66
其中	人工费（元）			146.80	8.00	84.85	10.30
	材料费（元）			68.95	4.31	27.24	4.30
	机械费（元）			0.58	0.14	0.44	—
	综合费（元）			29.48	1.63	17.06	2.06
名称		单位	单价（元）	数量			
材料	二等锯材	m³	1100.00	0.040	0.002	0.020	0.002
	铁件	kg	4.50	4.500	0.230	—	—
	其他材料费	元		4.250	1.070	5.240	2.100

任务2　计算定额工程量

1. 实训目的

（1）掌握定额工程量计算依据；

（2）掌握工程量计算顺序；

（3）掌握工程量计算原则；

（4）掌握工程量计算要求；

（5）掌握工程量计算方法；

（6）掌握工程量复核方法；

（7）具备计算分项工程定额工程量的基本能力。

2. 实训内容

针对实训案例，结合2015版《四川省建设工程工程量清单计价定额——市政工程》，计算分项工程定额工程量。

3. 实训步骤与指导

（1）工程量计算依据

工程量是编制工程量清单、施工组织设计、材料供应计划，安排工程施工进度，进行统计工作和实现成本核算的重要依据。

1）施工图纸及设计说明书、相关图集、设计变更资料、图纸答疑、会审记录等；

2）经审定的施工组织设计或施工方案；

3）工程施工合同、招标文件的商务条款；

4）计价定额中的工程量计算规则。

（2）工程量计算顺序

为了避免漏算或重算，提高计算的准确度，工程量的计算应按照一定的顺序进行。具体的计算顺序应根据具体工程和个人的习惯来确定。常见工程量计算顺序有以下几种：

对于单位工程，一般采用按施工顺序或按定额顺序计算。按施工顺序计算就是按照施工的先后顺序计算工程量；按定额顺序计算就是按照计价定额中分部分项工程的先后顺序计算工程量。

对于单个分项工程，可以按一定的方向计算，比如顺时针方向计算，即从平面图的左上角开始，自左至右，然后再由上而下，最后转回到左上角为止，这样按顺时针方向转圈依次进行计算。

当有完整的设计图纸，还可以按图纸编号顺序计算。即按照图纸上所标注结构构件、配件的编号顺序进行计算。

（3）工程量计算原则

1）工程量计算规则要一致

工程量计算必须与定额中规定的工程量计算规则或计算方法相一致，才符合定额的要求。定额中对分项工程的工程量计算规则和技术方法都作了具体规定，计算时必须严格按规定执行。按施工图纸计算工程量采用的计算规则，必须与本地区现行计价定额计算规则一致。各省、自治区、直辖市计价定额的工程量计算规则，其主要内容基本一致，差异不大。在计算工程量时，应按工程所在地计价定额规定的工程量计算规则进行计算。

2）计算口径要一致

计算工程量时，根据施工图纸列出的工程子目的口径（指工程子目所包括的工作内容），必须与基础定额中相应的工程子目的口径相一致。不能将定额子目中已包括的工作内容拿出来单独列项计算。

计量单位要一致。计算工程量时，所计算工程子目的工程量的单位必须与定额中相应子目的单位一致。例如，体积计算的单位为立方米（m^3），面积计算的单位为平方米（m^2），长度计算的单位为米（m）等。

3）计算尺寸的取定要一致

计算工程量时，首先要对施工图纸尺寸进行核对，且各子目计算尺寸的取定要一致。

计算的顺序要一致，要遵循一定的顺序进行计算。计算工程量时要遵循一定的计算顺序，依次进行计算，这是避免发生漏算或重算的重要措施。

4）计算精度要统一

工程量的数字计算要准确，精度要求一般是中间过程精确到小数点后三位，汇总时，立方米、平方米和米以下取两位小数；吨以下取三位小数；千克取整数；建筑面积一般取整数等。

（4）工程量计算要求

关于分部分项工程的计量单位，应遵守《建设工程工程量清单计价规范》规定，当附录中有两个或两个以上计量单位的，应结合拟建工程项目的实际选择其中之一确定，一般会选择与计价定额对应项目相同的计量单位，以方便计价。

1）熟悉定额内容及工程量计算规则

计价定额中明确地规定了哪些项目应该算，哪些可以不用算。比如计算雨污水检查井时，井的模板、钢筋都应另行计算，但井盖、垫层、爬梯、混凝土、砖砌体等已包含在定额中，所以不用另行计算。工程量计算规则是确定施工图尺寸数据、内容取定、工程量调整系数、工程量计算方法的重要依据。

如果工程造价人员对定额内容及工程量计算规则不清楚或理解有偏差，很容易导致某些项目不该计算的量计算了，该计算的又未计算，从而对该项目工程量计算结果产生较大影响。

2）熟悉图纸及相关标准图集

设计图纸及相关标准图集是工程量计算的基本依据。

熟悉图纸就是要弄清楚图纸中的各项内容，包括平、纵断面图上的相互衔接关系；地基处理方法、基础形式、管井标高、管道材料、设计管道与既有管道的对接处理要求、机动车道下既有管道保护及迁改处理等内容。另外，在熟悉图纸的过程中还要对图纸进行审核，审核内容有：图纸间相关尺寸是否有误，设备与材料表上的规格、数量是否与图示相符；详图、说明、尺寸和其他符号是否正确等。

市政工程中给水排水、电气部分中管井一般只标注标准图号，管道基础处理方法表述也不详细。因此对于图集的熟悉有助于更好地看懂图纸。

3）了解施工工艺

对施工工艺不清楚，是造价人员在编制工程造价文件时产生漏套、错套定额的常见原因之一。比如漏计路面结构中的透层油、封层油、粘层油、路床的碾压检验、挡土墙结构中的反滤包、泄水孔等。错套如将基坑沟槽夯实套用普通填筑等。

4）详细列出计算式

计算式是计算过程的具体体现。工程量的计算一般采用表格形式。表格中一般应包括定额编号、项目名称、计量单位、工程量以及详细的计算式等内容（见表3-9）。

工程量计算表　　**表3-9**

工程名称：　　第　页　共　页

序号	定额编号	项目名称	单位	工程量	计算式

计算人：　校核人：　审查人：　年　月　日

5）按定额顺序整理

工程量计算工作量较大、耗时较长，为了提高工作效率，计算工程量时不一定是按照定额顺序进行。在工程量计算完成后，工程造价人员应按照定额顺序进行整理，以便开展套用定额、计算分部分项工程费、分析经济指标等后续工作。

（5）工程量计算方法

在进行市政工程量计算时，主要方法有统筹法、增减法、图形比例法。

1）统筹法

统筹法是一种用来研究、分析事物内在规律及相互依赖关系，从全局角度出发，明确工作重点，合理安排工作顺序，提高工作质量和效率的科学管理方法。应用统筹法计算工程量的主要思想是不按施工顺序或传统顺序计算，找出工程量计算中的共性因素，先主后次统筹安排，利用基数方便算出其他多个工程量。

如在道路工程量计算中，先算出主车道面积、辅车道面积、人行道面积，以这些面积作为计算基数可快速计算有关道路面层、基层、垫层工程量。

2）增减法

利用已经计算完成的工程量为基数，通过增加或减少部分工程量得出需要的另外一个计算结果。如交通工程中道路标线的边缘线工程量就可以在路缘石长度工程量的基础上按实际布设的位置增加或减少部分工程量得出最终结果。

3）图形比例法

利用构件本身的图形规律性来计算工程量。例如网格护坡、格构梁护坡等工程量可先计算出整个边坡的实际面积，然后参照单一网格中实体面积所占网格的比例计算实际网格面积；道路车道分界线、人行横道线等都可参考此方法计算。

（6）工程量复（审）核方法

工程量是确定工程造价的基础数据，其准确程度会直接影响工程造价的高低。因而编制人员计算完工程量后应检查复核，所在单位也应安排审核，最大程度上确保工程量结果的准确性和合理性。常见工程量复（审）核的方法主要有以下几种：

1）全面复（审）核法

全面复（审）核法又叫逐项复（审）核法，就是按照计价定额或施工先后顺序，逐一全部进行审查的方法。该方法优点是全面、细致，经审查的工程预算差错比较少，质量比较高；缺点是工作量大。一般适用于工程量较小、工艺较简单的工程或技术力量比较薄弱的施工单位承包的工程。

2）重点复（审）核法

重点复（审）核法就是抓住工程预算中的重点进行复（审）核。常针对一些工程量大或造价较高的项目。该方法的优点是重点突出，时间短，效果较好，缺点是只能发现重点项目的差错，不能发现工程量较小或费用较低项目的差错。

3）对比复（审）核法

用已建成工程的工程量，或未建成但已经审核修正过工程的工程量，对比审核拟建类似工程的工程量。对比审核法一般应根据工程的不同条件区别对待：两个工程采用同一个施工图，但基础部分和现场条件不同；两个工程设计相同，但建筑面积不同；两个工程建筑面积相同，但设计图纸不完全相同。

该方法优点是简单易行、速度快，适用于规模小、结构简单的一般民用建筑住宅工程，特别适合于采用标准施工图施工的工程。

4）分组计算复（审）核法

分组计算复（审）核法是一种加快审核工程量速度的方法。把预算中的项目划分为若干组，并把相邻且有一定内在联系的项目编为一组，审核或计算同一组中某个分项工程量，利用工程量之间具有相同或相似计算基础的关系，判断同组中其他几个分项工程量计算的准确程度的方法。

5）经验复（审）核法

根据以往的实践经验，复（审）核容易发生差错的那部分工程子目的方法。

总之，工程量审核的方法多种多样。实际工作中，编制人可根据工程实际情况选择其中一种，也可同时选用几种综合使用。

4. 实训成果

熟悉施工图纸及有关资料，然后根据施工图纸的内容及工程量计算规则计算各分项工程的工程量，参照图3-1，其工程量计算见表3-10。

本实例中的工程量计算规则如下：

人工挖路槽按设计图纸以“m^3”计算工程量。

道路基层按设计图纸以“m^2”计算工程量，应扣除面积>0.30m^2的各种占位面积。

道路面层按设计图纸以“m^2”计算工程量，应扣除面积>0.30m^2的各种占位面积。

安砌混凝土路缘石的工程量按图纸设计尺寸以“m”计算。

工程量计算表　　　　**表3-10**

工程名称：××市政工程道路　　　　第1页　共1页

序号	定额编号	项目名称	单位	工程量	计算式
1	DA0004	挖土方 人工	m^3	460.80	0.45×(10+0.12×2) ×100=460.80
2	DA0128换	机械装运土 运距=4000m	m^3	460.80	460.80
3	DB0053	路床碾压整形	m^2	1024.00	(10+0.12×2) ×100=1024.00
4	DB0084换	砂砾石基层	m^2	1024.00	1024.00
5	DB0164换	C30水泥混凝土路面	m^2	1000.00	100×10=1000.00
6	DB0239	安砌混凝土路缘石（中砂）	m	200.00	100×2=200.00
7	DL0196换	现浇混凝土路面模板	m^2	1000.00	100×10=1000.00

项目4　计算分部分项工程费和措施项目费

分部分项工程费是各分部分项工程应于列支的各项费用。其计算方法因定额基价形式的不同而不同。一般来说，各省、自治区、直辖市的计价定额基价形式主要表现为工料单价和综合单价。

措施项目费是指为完成建设工程施工，发生于该工程施工前和施工过程中的技术、生活、安全、环境保护等方面的费用。措施项目费按能否计量分为单价措施项目费和总价措施项目费。

〔实训目标〕

1. 能根据工料单价法正确计算分部分项工程费；
2. 能根据综合单价法正确计算分部分项工程费；
3. 能计算单价措施项目费；
4. 能计算总价措施项目费。

任务1　计算分部分项工程费

1. 实训目的

(1) 清楚分部分项工程费的计算方法；

(2) 具备编制分部分项工程费及工料分析表的基本能力；

(3) 具备工程单价换算的基本能力。

2. 实训内容

针对实训案例，结合2015版《四川省建设工程工程量清单计价定额——市政工程》，编制分部分项工程费计算及工料分析表和工程单价换算表。

3. 实训步骤与指导

各省、自治区、直辖市的计价定额基价主要表现为两种情况，一是工料单价，即定额基价由人工费、材料费、机具使用费组成；二是综合单价，即定额基价由人工费、材料费、施工机具使用费、企业管理费和利润组成。不同的定额基价形式，其分部分项工程费的计算方法不同。

(1) 工料单价

定额基价为工料单价形式，则分部分项工程费的计算方法如下：

分部分项工程费=∑(分部分项工程量×定额基价)+企业管理费+利润

其中：根据《建筑安装工程费用参考计算方法》，企业管理费的计算方法按取费基数的不同分为以下三种：

1) 以分部分项工程费为计算基础

$$企业管理费=分部分项工程费\times企业管理费费率(\%)$$

2）以人工费和机械费合计为计算基础

$$企业管理费=(人工费+机械费)\times企业管理费费率(\%)$$

3）以人工费为计算基础

$$企业管理费=人工费\times企业管理费费率(\%)$$

其中企业管理费费率的计算方法为：

1）以分部分项工程费为计算基础

$$企业管理费费率(\%)=\frac{生产工人年平均管理费}{年有效施工天数\times人工单价}\times人工费占分部分项工程费比例(\%)$$

2）以人工费和机械费合计为计算基础

$$企业管理费费率(\%)=\frac{生产工人年平均管理费}{年有效施工天数\times(人工单价+每一日机械使用费)}\times100\%$$

3）以人工费为计算基础

$$企业管理费费率(\%)=\frac{生产工人年平均管理费}{年有效施工天数\times人工单价}\times100\%$$

编制标底时，企业管理费的计算方法由工程所在地造价行政主管部门规定，编制人应根据工程所在地的相关规定计算企业管理费。

投标报价时，企业管理费的计算方法由投标企业自主确定，编制人应根据招标文件的要求，结合企业具体情况确定企业管理费。

利润的计算有以下三种方法：

1）以分部分项工程费为计算基础

$$利润=分部分项工程费\times相应利润率(\%)$$

2)以人工费和机械费为计算基础

$$利润=(人工费+机械费)\times相应利润率(\%)$$

3)以人工费为计算基础

$$利润=人工费\times相应利润率(\%)$$

编制标底时，利润的计算方法由工程所在地造价行政主管部门规定，编制人应根据工程所在地的相关规定计算利润。

投标报价时，利润的计算方法由投标企业自主确定，编制人应根据招标文件的要求，结合企业具体情况确定利润。

(2) 综合单价

定额基价为综合单价形式，则分部分项工程费的计算方法如下：

分部分项工程费=∑（分部分项工程量×定额基价）

4. 实训成果

本实例的分部分项工程费计算及工料分析见表4-1。

分部分项工程费=∑(分部分项工程量×定额基价)，具体计算过程分列如下：

(DA0004)人工挖土方的分部分项工程费=460.80(工程量)×[12.71(人工费单价)+1.40(综合费单价)]=6501.89元

(DA0128换)机械装运土的分部分项工程费=460.80(工程量)×[2.06(人工费单价)+0.02(材料费单价)+7.16(机械费单价)+1.01(综合费单价)]=4723.20元

(DB0053)路床碾压整形的分部分项工程费=1024.00(工程量)×[0.39(人工费单价)+0.90(机械费单价)+0.27(综合费单价)]=1597.44元

(DB0084换)砂砾石基层的分部分项工程费=1024.00(工程量)×[4.25(人工费单价)+11.06(材料费单价)+3.52(机械费单价)+1.39(综合费单价)]=20705.28元

(DB0164换)C30水泥混凝土路面的分部分项工程费=1000.00(工程量)×[6.66(人工费单价)+55.60(材料费单价)+0.22(机械费单价)+1.69(综合费单价)]=64170.00元

(DB0239)安砌混凝土路缘石的分部分项工程费=200.00(工程量)×[4.59(人工费单价)+4.45(材料费单价)+0.96(综合费单价)]=2002.00元

分部分项工程费=6501.89+4723.20+1597.44+20705.28+64170.00+2002.00=99699.81元

定额人工费=5856.77+949.25+399.36+4352.00+6660.00+918=19135.38元

注：①综合费单价为管理费、利润的单价；②此处先计算出定额人工费，为后续计算总价措施项目提供计算基础。

工程单价换算见表4-2。

表 4-1

分部分项工程费计算及工料分析表

工程名称：××市政道路工程　　　　第 1 页　共 1 页

序号	定额编号	项目名称	单位	工程量	基价	合价	人工费		材料费		机械费		管理费、利润		主要材料及燃料消耗量		
							单价	小计	单价	小计	单价	小计	单价	小计			
1	DA0004	人工挖土方	m^3	460.80	14.11	6501.89	12.71	5856.77					1.40	645.12			
2	DA0128 换	机械装运土（运距=5000m）	m^3	460.80	10.26	4723.20	2.06	949.25	0.02	9.22	7.16	3299.33	1.01	465.41	水（m^3）	柴油（kg）	汽油（kg）
															4.97	238.938	3.289
3	DB0053	路床碾压整形	m^2	1024.00	1.56	1597.44	0.39	399.36			0.9	921.60	0.27	276.48	柴油（kg）		
															75.889		
4	DB0084 换	砂砾石基层	m^2	1024.00	20.22	20705.28	4.25	4352.00	11.06	11325.44	3.52	3604.48	1.39	1423.36	连砂石（m^3）	水（m^3）	柴油（kg）
															375.603	26.112	186.419
5	DB0164 换	C30 水泥混凝土路面	m^2	1000.00	64.17	64170.00	6.66	6660.00	55.60	55600.00	0.22	220.00	1.69	1690.00	商品混凝土 C30（m^3）	水（m^3）	
															151.50	285.00	
6	DB0239	安砌混凝土路缘石（中砂）	m	200.00	10.01	2002.00	4.59	918.00	4.45	890.00			0.96	192.00	混凝土路缘石 12×30×100（m^3）	水泥砂浆 M10	水（m^3）
															7.24	0.08	3.00
合计						99699.81		19135.38		67824.66		8045.41		469.37			

表 4-2

工程单价换算表

工程名称：××市政道路工程　　　　第 1 页　共 1 页

序号	分项工程名称	换算情况	定额编号	计算式	单位	金额
1	机械装运土（运距＝5000m）	运距换算	DA0128 换	Ve＝6211.04＋1012.28×4＝10260.16	元/1000m^3	10260.16
				其中：材料费不变		
				人工费：1259.55＋4×200.09＝2059.91	元/1000m^3	2059.91
				机械费：4316.52＋4×711.87＝7164.00	元/1000m^3	7164.00
				综合费：613.37＋4×100.32＝1014.65	元/1000m^3	1014.65
2	砂砾石基层	基层设计厚度换算	DB0084 换	Ve＝425.28＋1105.50＋352.19＋138.63＝2021.60	元/100m^2	2021.60
				其中：		
				人工费：336.78＋10×8.85＝425.28	元/100m^2	425.28
				材料费：738.70＋10×36.68＝1105.50	元/100m^2	1105.50
				机械费：234.79＋234.79×0.05×10＝352.19	元/100m^2	352.19
				综合费：120.03＋10×1.86＝138.63	元/100m^2	138.63
3	C30 水泥混凝土路面	面层设计厚度换算	DB0164 换	Ve＝665.70＋5559.90＋22.33＋168.58＝6416.51	元/100m^2	6416.51
				其中：		
				人工费：759.45－5×18.75＝665.70	元/100m^2	665.70
				材料费：7383.40－5×364.70＝5559.90	元/100m^2	5559.90
				机械费：29.43－5×1.42＝22.33	元/100m^2	22.33
				综合费：193.28－5×4.94＝168.58	元/100m^2	168.58
4	现浇混凝土路面模板（木模）	模板换算	DL0196 换	Ve＝106.80＋47.40－0.12＋21.33＝175.41	元/100m^2	175.41
				其中：		
				人工费：146.80－5×8.00＝106.80	元/100m^2	106.80
				材料费：68.95－5×4.31＝47.40	元/100m^2	47.40
				机械费：0.58－5×0.14＝－0.12	元/100m^2	－0.12
				综合费：29.48－5×1.63＝21.33	元/100m^2	21.33

任务 2　计算措施项目费

1. 实训目的

(1) 清楚措施项目费的计算方法；

(2) 具备编制单价措施项目费计算及工料分析表的基本能力；

(3) 具备编制总价措施项目费的基本能力。

2. 实训内容

针对实训案例，结合 2015 版《四川省建设工程工程量清单计价定额——市政工程》，计算措施项目费，包括单价措施项目费和总价措施项目费。

3. 实训步骤与指导

措施项目费按能否计量分为单价措施项目费和总价措施项目费。

(1) 单价措施项目费

这里的单价措施是指能够按照计价定额计算工程量的措施项目。单价措施项目费包括脚手架搭拆费、模板安拆费等。

由于定额基价有工料单价和综合单价两种表现形式，所以单价措施项目费的计算也有两种情况。

1) 工料单价

单价措施项目费＝∑(措施项目工程量×定额基价)＋企业管理费＋利润

企业管理费和利润的计算方法同本项目任务 1 相关内容。

2) 综合单价

单价措施项目费＝∑(措施项目工程量×定额基价)

(2) 总价措施项目费

总价措施项目费包括安全文明施工费、夜间施工增加费、二次搬运费、冬雨期施工增加费和已完工程及设备保护费。

总价措施项目的计算方法如下：

1) 安全文明施工费

安全文明施工费＝计算基数×安全文明施工费费率（%）

计算基数应为定额基价（定额分部分项工程费＋定额中可以计量的措施项目费)、定额人工费或（定额人工费＋定额机械费)，其费率由工程造价管理机构根据各专业工程的特点综合确定。

2) 夜间施工增加费

夜间施工增加费＝计算基数×夜间施工增加费费率（%）

3) 二次搬运费

二次搬运费＝计算基数×二次搬运费费率（%）

4) 冬雨期施工增加费

冬雨期施工增加费＝计算基数×冬雨期施工增加费费率（%）

5) 已完工程及设备保护费

已完工程及设备保护费＝计算基数×已完工程及设备保护费费率（%）

上述1）～5）项措施项目的计费基数应为定额人工费或（定额人工费＋定额机械费），其费率由工程造价管理机构根据各专业工程特点和调查资料综合分析后确定。

上述总价措施项目并不是每个项目都需要计算，是否计算应根据工程实际情况确定。

4. 实训成果

本实训的单价措施项目费的计算见表4-3。总价措施项目费见表4-4。单价措施项目相应的工程单价换算表见表4-2。

单价措施项目费计算及工料分析表 表4-3

工程名称：××市政道路工程 第1页 共1页

序号	定额编号	项目名称	单位	工程量	基价	合价	人工费		材料费		机械费		管理费、利润		主要材料及燃料消耗量	
							单价	小计	单价	小计	单价	小计	单价	小计	二等锯材（m^3）	铁件（kg）
1	DL0196换	现浇混凝土路面模板（木模）	m^2	1000	1.75	1750.00	1.07	1070.00	0.47	470.00	0.00	0.00	0.21	210.00	0.30	34.55
合计						1750.00		1070.00		470.00		0.00		210.00		

总价措施项目费 表4-4

工程名称：××市政道路工程 标段：

序号	项目名称	计算基础	费率（%）	金额（元）	调整费率（%）	调整后金额（元）	备注
1	安全文明施工		项	3225.58			
1.1	环境保护费	定额人工费	0.4	80.84			
1.2	文明施工费	定额人工费	3.48	703.32			
1.3	安全施工费	定额人工费	5.26	1063.07			
1.4	临时设施费	定额人工费	6.82	1378.35			
2	夜间施工费	定额人工费	0.78	157.64			
3	二次搬运费	定额人工费	0.38	76.80			
4	冬雨期施工增加费	定额人工费	0.58	117.22			
5	行车、行人干扰增加费	定额人工费＋机械费	3	847.67			
合 计				4424.91	—	—	—

项目5 计算工程造价

其他项目费主要包含暂列金额、暂估价、计日工和总承包服务费。

建设单位和施工企业均应按照工程所在地的省或自治区或直辖市的行业建设主管部门发布的标准计算规费和税金，不得作为竞争性费用。

〔实训目标〕

1. 能计算其他项目费；
2. 能计算规费；
3. 能计算税金；
4. 能汇总工程造价。

任务1 计算其他项目费

1. 实训目的

(1) 清楚其他项目费的构成内容；

(2) 具备编制其他项目费计价表及其相关表格的基本能力。

2. 实训内容

针对实训案例，编制其他项目费计价表及其相关表格。

3. 实训步骤与指导

其他项目费主要包含暂列金额、暂估价、计日工和总承包服务费。

(1) 暂列金额

暂列金额是业主在招标文件中明确规定了数额的一笔资金，标明用于工程施工，或供应货物与材料，或提供服务，或以应付意外情况。此金额在施工过程中会根据实际情况有所变化。暂列金额由招标人支配，实际发生后才得以支付。暂列金额由招标人根据工程特点，按有关计价规定进行估算确定，一般可以分部分项工程费的10%～15%为参考。

(2) 暂估价

暂估价是指用于支付必然要发生但暂时不能确定价格的材料、工程设备的单价以及专业工程的金额。

(3) 计日工

计日工是指计算现场发生的零星项目或工作产生的费用的计价方式。招标人的工程造价人员通过对零星项目或工作发生人工工日、材料数量、机械台班的消耗量进行预估，给出一个暂定数量的计日工表格。

(4) 总承包服务费

总承包服务费由建设单位在招标控制价中根据总包服务范围和有关计价规定

编制，施工企业投标时自主报价，施工过程中按签约合同价执行。

其他项目费的各项内容是否计算，应根据工程实际情况确定。

4. 实训成果

本实训的其他项目费中，仅考虑暂列金额一项的费用，其余费用暂不作考虑，“其他项目费计价汇总表”见表5-1；“暂列金额明细表”见表5-2。暂列金额的计费基础为分部分项工程费，费率为10％。

其他项目费计价汇总表 **表5-1**

工程名称：××市政道路工程 第1页 共1页

序号	项目名称	金额（元）	结算金额（元）	备注
1	暂列金额	11472.72		明细详见表5-2
2	暂估价			
2.1	材料（工程设备）暂估价			
2.2	专业工程暂估价			
3	计日工			
4	总承包服务费			
合计		11472.72		—

暂列金额明细表 **表5-2**

工程名称：××市政道路工程 标段：

序号	项目名称	计量单位	暂定金额（元）	备注
1	暂列金额	项	11472.72	
合计			11472.72	

任务2 计算规费及税金

1. 实训目的

（1）能根据市政工程定额和取费文件规定，计算规费；

（2）能根据市政工程定额和税金文件规定，计算税金。

2. 实训内容

针对实训案例，计算规费及税金。

3. 实训步骤与指导

规费和税金必须按国家或省级、行业建设主管部门的规定计算。

建设单位和施工企业均应按照工程所在地的省或自治区或直辖市的行业建设主管部门发布标准计算规费和税金，不得作为竞争性费用。

（1）规费

规费是指按国家法律、法规规定，由省级政府和省级有关权力部门规定必须缴纳或计取的费用。规费的构成如图5-1所示。

社会保险费＝（分部分项清单定额人工费＋单价措施项目清单定额人工费）

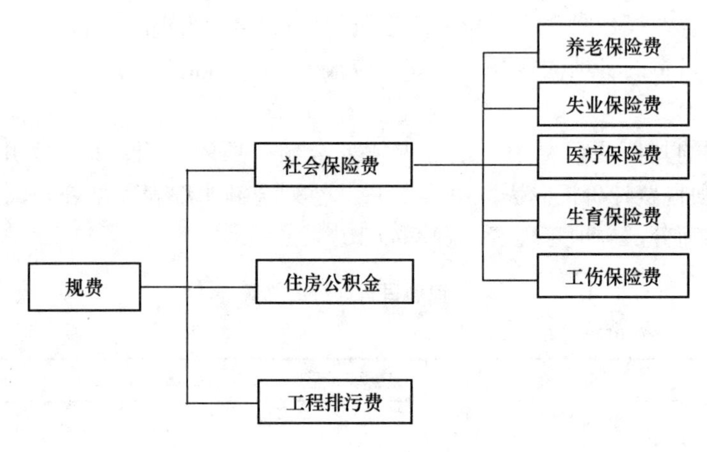

图 5-1　规费的构成

×规定费率

住房公积金＝（分部分项定额人工费＋措施项目定额人工费）×规定费率

工程排污费按工程所在地环保部门的规定计算。

某地区规费费率标准见表 5-3。

某地区规费费率标准　　**表 5-3**

规费	费率	规费	费率
养老保险费率	3.80%～7.50%	工伤保险费率	0.40%～0.70%
失业保险费率	0.30%～0.60%	生育保险费率	0.10%～0.20%
医疗保险费率	1.80%～2.70%	住房公积金费率	1.30%～3.30%

（2）税金

税金是指国家税法规定的应计入建筑安装工程造价内的增值税销项税额。

2011 年 11 月 16 日，经国务院批准，财政部、国家税务总局印发了《营业税改征增值税试点方案》（财税〔2011〕110 号），规定在交通运输业、部分现代服务业等生产性服务业开展试点，逐步推广至其他行业。建筑业也纳入了营改增方案试点行业范围。

2016 年 3 月 23 日，财政部、国家税务总局正式发布《关于全面推开营业税改征增值税试点的通知》（财税〔2016〕36 号），通知要求：经国务院批准，自 2016 年 5 月 1 日起，在全国范围内全面推开营业税改征增值税（以下称“营改增”）试点，建筑业、房地产业、金融业、生活服务业等全部营业税纳税人，纳入试点范围，由缴纳营业税改为缴纳增值税。

税金计算方法是：在增值税计税模式下，工程造价的构成不变，只是计税方法改变，计算销项税额的基础为不含进项税额的税前造价，用下式表示：

工程造价＝人工费＋材料费(除税)＋机械费(除税)＋企业管理费(除税)＋利润＋规费＋应纳销项税＋应纳附加税(注：人工费、利润、规费不需要除税)

工程造价＝税前工程造价＋应纳销项税＋应纳附加税

其中：

税前工程造价＝不含进项税额的税前造价

=人工费+材料费（除税）+机械费（除税）+企业管理费（除税）+利润+规费

应纳销项税=税前工程造价×销项增值税税率（根据《建筑业营业税改征增值税四川省建设工程计价依据调整方法》川建造价发〔2018〕392号的规定，取10%）

应纳附加税=应纳项税×附加税率（在增值税下对附加税的计算比较复杂，现在的处理方式是放入企业管理费中）

故：工程造价=税前工程造价+应纳销项税

=税前工程造价×（1+10%）

目前我国各省（自治区、直辖市）的计价定额的基价受营业税计价模式的影响，其中的人工费、材料费、机械费、管理费和利润等费用都是含税价，故需要对材料费、机械费、企业管理费进行除税。但由于各省（自治区、直辖市）的计价定额的水平不同，目前的具体操作方法是各省（自治区、直辖市）颁布针对本地区工程造价计价依据的调整办法，以满足营改增工作的要求。

如四川省"建筑业营业税改增值税的计价依据调整办法"如下：

在保持现行计价定额、造价信息等计价依据基本不变的前提下，按照"价税分离"原则对2015版《四川省建设工程工程量清单计价定额》及工程造价信息进行局部调整。调整办法参见"四川省住房和城乡建设厅关于印发《建筑业营业税改征增值税四川省建设工程计价依据调整办法》的通知（川建造价发〔2016〕349号)"。

4. 实训成果

本实训按照2015版《四川省建设工程工程量清单计价定额》的"建筑安装工程费用"中费用计算细则，计取规费和税金。相关的计价依据和费率见表5-4；根据"四川省住房和城乡建设厅关于印发《建筑业营业税改征增值税四川省建设工程计价依据调整办法》的通知（川建造价发〔2016〕349号)"的相关规定，将表4-1分部分项工程费计算及工料分析表进行调整，相应调整分部分项工程费和单价措施项目费，调整后的分部分项工程计算及工料分析表见表5-5，调整后的单价措施项目费计算及工料分析表见表5-6。规费计算表见表5-7。

规费、税金计取依据和费率标准 **表5-4**

项目名称	细目	计算基础	费率或税率
规费	养老保险费	分部分项清单定额人工费+单价措施项目清单定额人工费	3.80%~7.50%
	失业保险费	分部分项清单定额人工费+单价措施项目清单定额人工费	0.30%~0.60%
	医疗保险费	分部分项清单定额人工费+单价措施项目清单定额人工费	1.80%~2.70%
	工伤保险费	分部分项清单定额人工费+单价措施项目清单定额人工费	0.40%~0.70%
	生育保险费	分部分项清单定额人工费+单价措施项目清单定额人工费	0.10%~0.20%
住房公积金		分部分项清单定额人工费+单价措施项目清单定额人工费	1.30%~3.30%
工程排污费		按工程所在地环保部门规定按实计算	
税金（增值税）		分部分项工程费+措施项目费+其他项目费+规费	具体应参照"营改增"相关规定执行

调整后分部分项工程费计算及工料分析表

表 5-5

工程名称：××市政工程道路　　　　第 1 页　共 1 页

序号	定额编号	项目名称	单位	工程量	基价	合价	人工费		材料费		除税机械费		除税综合费		主要材料及燃料消耗量		
							单价	小计	单价	小计	单价	小计	单价	小计			
1	DA0004	人工挖土方	m^3	460.80	14.18	6534.14	12.71	5856.77					1.47	677.37			
2	DA0128 换	机械装运土（运距=5000m）	m^3	460.80	9.78	4506.62	2.06	949.25	0.02	9.22	6.64	3059.71	1.06	488.45	水（m^3）	柴油（kg）	汽油（kg）
															4.97	238.938	3.289
3	DB0053	路床碾压整形	m^2	1024.00	1.51	1546.24	0.39	399.36			0.84	860.16	0.28	286.72	柴油（kg）		
															75.889		
4	DB0084 换	砂砾石基层	m^2	1024.00	20.04	20520.96	4.25	4352.00	11.06	11325.44	3.27	3348.48	1.46	1495.04	连砂石（m^3）	水（m^3）	柴油（kg）
															375.603	26.112	186.419
5	DB0164 换	C30 水泥混凝土路面	m^2	1000.00	64.23	64230.00	6.66	6660.00	55.60	55600.00	0.20	200.00	1.77	1770.00	商品混凝土 C30（m^3）	水（m^3）	
															151.50	285.00	
6	DB0239	安砌混凝土路缘石（中砂）	m	200.00	10.05	2010.00	4.59	918.00	4.45	890.00			1.01	202.00	混凝土路缘石 12×30×100（m^3）	水泥砂浆 M10	水（m^3）
															7.24	0.08	3.00
		合计				99347.96		19135.38		67824.66		7468.35		4919.58			

调整后单价措施项目费计算及工料分析表

表 5-6

工程名称：××市政道路工程　　　　第 1 页　共 1 页

序号	定额编号	项目名称	单位	工程量	基价	合价	人工费		材料费		除税机械费		除税综合费		主要材料及燃料消耗量	
							单价	小计	单价	小计	单价	小计	单价	小计		
1	DL0196 换	现浇混凝土路面模板（木模）	m^2	1000	1.76	1760.00	1.07	1070.00	0.47	470.00	0.00	0.00	0.22	220.00	二等锯材（m^3）	铁件（kg）
															0.30	34.55
		合计				1760.00		1070.00		470.00		0.00		220.00		

规费计算表　　表 5-7

工程名称：××市政道路工程　　标段：

序号	项目名称	计算基础	计算基数	计算费率（%）	金额（元）
1	规费				3030.81
1.1	社会保险费				2364.03
(1)	养老保险费	分部分项定额人工费+措施项目定额人工费	20205.38	7.5	1515.40
(2)	失业保险费	分部分项定额人工费+措施项目定额人工费	20205.38	0.6	121.23
(3)	医疗保险费	分部分项定额人工费+措施项目定额人工费	20205.38	2.7	545.55
(4)	工伤保险费	分部分项定额人工费+措施项目定额人工费	20205.38	0.7	141.44
(5)	生育保险费	分部分项定额人工费+措施项目定额人工费	20205.38	0.2	40.41
1.2	住房公积金	分部分项定额人工费+措施项目定额人工费	20205.38	3.3	666.78
1.3	工程排污费	按工程所在地环境保护部门收取标准，按实计入			

注：本表中规费计算费率均取参考值高限。

本实训的材料汇总表见表5-8，材料价差调整表见5-9。

材料汇总表　　表 5-8

工程名称：××市政道路工程　　第1页　共1页

序号	材料名称	型号、规格	单位	数量
(一)	分部分项工程			
A	材料			
1	水		m^3	319.082
2	连砂石		m^3	375.603
3	商品混凝土	C30	m^3	151.50
4	混凝土路缘石	12×30×100（cm）	m^3	7.24
5	水泥 32.5		kg	21.20
6	中砂		m^3	0.092
B	燃料			
1	柴油		kg	501.246
2	汽油		kg	3.289
(二)	措施项目			
A	材料			
1	二等锯材		m^3	0.30
2	铁件		kg	34.55

材料及燃料动力价差调整表 **表 5-9**

工程名称：××市政道路工程 第1页 共1页

序号	材料名称	型号、规格	单位	数量	定额价（元）	市场价（元）	差价（元）	总差价（元）
（一）	分部分项工程							
A	材料							11809.44
1	水		m^3	319.082	2.00	3.35	1.35	430.76
2	连砂石		m^3	375.603	30.00	62.00	32.00	12019.30
3	商品混凝土		m^3	151.50	340.00	320.00	−20.00	−3030.00
4	混凝土路缘石	12×30×100（cm）	m^3	7.24	120.00	450.00	330.00	2389.20
5	水泥 32.5	32.5	kg	21.20	0.40	0.30	−0.10	−2.12
6	中砂		m^3	0.092	70	95.00	25.00	2.30
B	燃料							−1022.73
1	柴油		kg	501.246	8.50	6.47	−2.03	−1017.53
2	汽油		kg	3.289	9.00	7.42	−1.58	−5.20
合计								10786.71
（二）	措施项目							
A	材料							
1	二等锯材		m^3	0.30	1100.00	2200	1100.00	330.00
2	铁件		kg	34.55	4.50	4.50	—	—
合计								330.00

任务3 汇总工程造价

1. 实训目的

(1) 清楚汇总工程造价的基本流程；

(2) 具备汇总工程造价的基本能力。

2. 实训内容

针对实训案例，汇总工程造价。

3. 实训步骤与指导

(1) 分部分项工程费

分部分项工程费=定额分部分项工程费+分部分项工程费价差调整+按实计算的费用

其中：定额分部分项工程费=∑(分部分项工程量×定额基价)

分部分项工程费价差调整=人工费价差调整+材料费价差调整+机械费价差调整

人工费价差调整=分部分项工程定额人工费×人工费调整系数

材料费价差调整=∑(现行材料单价-定额材料单价)×数量

机械费价差调整=∑(现行单价-定额单价)×数量

(2) 措施项目费

措施项目费=单价措施费+总价措施费

其中：单价措施费=定额单价措施费+单价措施费价差调整

单价措施费价差调整=人工费价差调整+材料费价差调整+机械费价差调整

人工费价差调整=措施项目定额人工费×人工费调整系数

材料费价差调整=∑(现行材料单价-定额材料单价)×数量

机械费价差调整=∑(现行单价-定额单价)×数量

总价措施费=环境保护费+文明施工费+安全施工费+临时设施费+夜间施工费+二次搬运费+冬雨期施工增加费+行车、行人干扰+地上、地下设施、建筑物的临时保护设施+已完工程及设备保护

(3) 其他项目费

其他项目费=暂列金额+暂估价+计日工+总承包服务费

其中：暂列金额=分部分项工程费×费率(费率一般取10%)

(4) 规费

规费=工程排污费+社会保障费+住房公积金

其中：社会保障费=养老保险费+失业保险费+医疗保险费+生育保险费+工伤保险费

(5) 税金

税金=(分部分项工程费+措施项目费+其他项目费+规费)×适用税率

(6) 工程造价

工程造价=分部分项工程费+措施项目费+其他项目费+规费+税金。

4. 实训成果

将前述分部分项工程费、措施项目费、其他项目费、规费和税金全部相加，即可得到单位工程的工程造价。相关汇总表见表5-10。

表 5-10

工程造价汇总

工程名称：××市政工程道路　　　　第1页　共1页

序号	费用名称	计算公式	费率	计算式	金额(元)
1	分部分项工程费	1.1+1.2+1.3		99347.96+15379.20=114727.16	114727.16
1.1	定额分部分项工程费	∑(分部分项工程量×定额基价)		详见调整后分部分项工程费计算及工料分析表(表5-5)	99347.96
1.2	分部分项工程费价差调整	1.2.1+1.2.2+1.2.3		4592.49+11809.44−1022.73=15379.20	15379.20
1.2.1	人工费价差调整	分部分项工程定额人工费×人工费调整系数		19135.38×24%=4592.49	4592.49
1.2.2	材料费价差调整	∑(现行材料单价−定额材料单价)×数量		详见材料及燃料动力价差调整表(表5-9)	11809.44
1.2.3	机械费价差调整			详见材料及燃料动力价差调整表(表5-9)	−1022.73
1.3	按实计算的费用				
2	措施费	2.1+2.2		2346.80+4424.91=6771.71	6771.71
2.1	单价措施费	2.1.1+2.1.2		1760.00+586.80=2346.80	2346.80
2.1.1	定额单价措施费			详见调整后单价措施项目费计算及工料分析表(表5-6)	1760.00
2.1.2	单价措施费价差调整	2.1.2.1+2.1.2.2+2.1.2.3		256.80+330.00=586.80	586.80
2.1.2.1	人工费价差调整	措施项目定额人工费×人工费调整系数		1070×24%=256.80	256.80
2.1.2.2	材料费价差调整	∑(现行材料单价−定额材料单价)×数量		详见材料及燃料动力价差调整表(表5-9)	330.00
2.1.2.3	机械费价差调整				
2.2	总价措施费			详见总价措施项目费(表4-4)	4424.91
3	其他项目费	3.1+3.2+3.3+3.4		11472.72	11472.72
3.1	暂列金额	分部分项工程费×10%		114727.16×10%=11472.72	11472.72
3.2	暂估价				
3.3	计日工				
3.4	总承包服务费				
4	规费			详见规费计算表(表5-7)	3030.81
5	税金(增值税)	(1+2+3+4)×10%	10%	(114727.16+6771.71+11472.72+3030.81)×10%=13600.24	13600.24
6	工程造价	1+2+3+4+5		114727.16+6771.71+11472.72+3030.81+13600.24=149602.64	149602.64

项目6　装订定额计价书

为形成完整的施工图预算文件，造价人员还应编制施工图预算总说明和填写施工图预算封面。最后再按一定的顺序进行整理并装订形成最终成果。

〔实训目标〕

1. 能编制施工图预算总说明；

2. 能填写施工图预算封面；

3. 能对施工图预算进行整理和装订

任务1　编 制 总 说 明

1. 实训目的

能根据工程背景资料，编制市政工程定额计价的总说明。

2. 实训内容

针对实训案例，编制市政工程定额计价的总说明。

3. 实训步骤与指导

编制说明是施工图预算书的重要内容之一。它要求将预算编制依据和预算编制过程中遇到的某些问题及处理方法加以系统地说明，以便于补充预算的编制和工程结算。预算编制说明无统一格式，一般应包括以下内容：工程概况、预算总造价、施工图名称及编号；预算编制所依据的计价定额或计价表的名称；预算编制所依据的费用定额及材料价差调整的有关文件名称；是否已考虑设计变更；有哪些遗留项目或暂估项目；存在的问题及处理办法、意见。

下面对施工图预算的总说明作简要说明：

(1) 工程概况

工程概况是指拟编制市政工程的地理位置、建设规模、工程特征、计划工期、施工现场实际情况、自然地理条件、环境保护要求等。

(2) 施工图预算编制依据

施工图预算的编制依据包括《建设工程工程量清单计价定额》、《建设工程工程量清单计价规范》、施工合同及施工图、《四川省建设工程安全文明施工费计价管理办法》、《建筑安装工程费用项目组成》及常规施工方案等。

(3) 主要施工方案

施工方案作为指导工程实际施工的作业文件，内容准确齐全，对所有的施工环节和技术要点都作了详细的说明。工程造价编制人员要充分利用施工方案的特点，使施工方案成为对工程造价编制的有力支撑，为工程造价编制提供指导和支持。

4. 实训成果

填写编制说明，见表6-1。

编制说明　　　　表6-1

<table>
<tr><td rowspan="5">编制依据</td><td>施工图号</td><td>××××××</td></tr>
<tr><td>施工合同</td><td>××××××</td></tr>
<tr><td>依据的定额、规范及相关文件</td><td>《建筑安装工程费用项目组成》(建标（2013）44号)、2015版《四川省建设工程工程量清单计价定额——市政工程》、《建筑业营业税改征增值税四川省建设工程计价依据调整办法》(川建价发〔2016〕349号)、《建筑业营业税改征增值税四川省建设工程计价依据调整办法》（川建造价发〔2018〕392号)、《四川省建设工程安全文明施工费计价管理办法》等</td></tr>
<tr><td>材料价格</td><td>《四川省工程造价信息》2015年第12期</td></tr>
<tr><td>其他</td><td></td></tr>
<tr><td colspan="3">说明：
一、工程概况
该工程系某市区混凝土道路工程，道路长度100m，宽10m，包含砂砾石基层和C30混凝土面层的施工。其中，砂砾石基层300mm，混凝土面层150mm，两侧采用M10水泥砂浆安砌混凝土路缘石（中砂、断面尺寸为120mm×300mm)。
该工程包含范围为施工图纸所示的全部内容；工程为施工总承包。
二、主要施工方案
施工顺序：准备工作→地基处理→铺碎石施工→铺设路牙→模板支护→混凝土搅拌→混凝土运输→混凝土摊铺→混凝土振捣→抹光机提浆抹光→混凝土拉毛→混凝土养生→锯缝、填缝→成品保护。
三、需要说明的问题（图纸没有或不清楚的处理方式等)
1. 该工程的人工费调整系数参照川建价发〔2015〕40号文“四川省建设工程造价管理总站关于对成都市等20个市、州2015年《四川省建设工程工程量清单计价定额》人工费调整的批复”的规定，调整系数为24%；
2. 工程量的计算严格按照2015版《四川省建设工程工程量清单计价定额》的相关分部工程量计算规则进行计算；
3. 本工程暂列金额按分部分项工程费的10%进行计取；
4. 本工程税金采用增值税计算方式计算。</td></tr>
</table>

填表说明：1. 使用定额与材料价格栏注明使用的定额、费用标准以及材料价格来源；

2. 说明栏注明施工组织设计、大型施工机械以及技术措施费。

任务2　填写封面及装订

1. 实训目的

(1) 能根据工程实际情况填写市政工程预算造价封面；

(2) 能对市政工程定额计价资料进行整理和装订。

2. 实训内容

(1) 针对实训案例，填写市政工程预算造价封面；

(2) 针对实训案例，对实训成果文件进行整理和装订。

3. 实训步骤与指导

完整的施工图预算造价封面应包括施工图预算造价（大小写)；招标人、工程造价咨询人（若招标人委托则有）的名称；招标人、工程造价咨询人（若招标人委托则有）的法定代表人或其授权人的签章；具体编制人和复核人的签章；编制和复核时间；其他相关说明。

施工图预算的装订应按顺序进行，一般来说，装订顺序如下：① 施工图预算封面；② 施工图预算总说明；③ 单项工程造价汇总表；④ 工程量计算表；⑤ 工程单价换算表；⑥ 分部分项工程费及工料分析表；⑦ 单价措施项目费及工料分析表；⑧ 总价措施项目计价表；⑨ 其他项目费计价汇总表；⑩ 规费和税金项目计价表；⑪ 材料及燃料汇总表；⑫ 材料及燃料动力费价差调整表；⑬ 工程造价汇总表；⑭ 工程技术经济指标。

将上述相关表格文件装订成册，即成为完整的施工图预算成果。

4. 实训成果

实训成果见表6-2。

预算书封面 **表6-2**

市政工程预算造价

施工图预算造价(小写)： 149602.64

(大写)： 壹拾肆万玖仟陆佰零贰元陆角肆分

××市建设局市政工程处

××省工程造价咨询有限公司

招标人：________
(单位盖章)

工程造价咨询人：________
(单位资质专业章)

法定代表人
或其授权人：________
(签字或盖章)

法定代表人
或其授权人：________
(签字或盖章)

全国建设工程造价员
××× 市政064111×××
×××市工程咨询有限责任公司
有效期至：2019年10月20日

中华人民共和国注册造价工程师
×××
B06410005×××
×××建设有限公司
有效期至：2018年12月31日

编制人：________
(造价人员签字盖专用章)

复核人：________
(造价工程师签字盖专用章)

编制时间：2014年12月1日

核对时间：2014年12月15日

［实训考评］

编制市政工程施工图预算的项目实训考评应包含实训考核和实训评价两个方面。

1. 实训考核

实训考核是指实训教师在指导学生完成该项目时的具体考察核定方法，应从实训组织、实训方法以及实训时间安排三方面来体现。具体内容详见表6-3。

实训考核措施及原则　　　　**表6-3**

<table>
<tr><th></th><th>实训组织</th><th>实训方法</th><th colspan="2">实训时间安排</th></tr>
<tr><td>措施</td><td>划分实训小组
构建实训团队</td><td>手工计算
软件计算</td><td>内容</td><td>时间（d）</td></tr>
<tr><td rowspan="7">原则</td><td rowspan="7">学生自愿
人数均衡
团队分工明确
分享机制</td><td rowspan="7">两种方法任选其一
两种方法互相验证</td><td>列项并计算定额工程量</td><td>1</td></tr>
<tr><td>确定分部分项工程费</td><td>4</td></tr>
<tr><td>确定措施项目费</td><td>1</td></tr>
<tr><td>确定其他项目费</td><td>1</td></tr>
<tr><td>确定规费及税金</td><td>1</td></tr>
<tr><td>编写总说明及填写封面</td><td>1</td></tr>
<tr><td>复核并装订</td><td>1</td></tr>
</table>

2. 实训评价

实训评价主要分为小组自评和教师评价两种方式，具体的评价办法参见表6-4。

实训评价表　　　　**表6-4**

<table>
<tr><th>评价方式</th><th>项目</th><th>具体内容</th><th>满分分值</th><th>占比</th></tr>
<tr><td rowspan="3">小组自评（20%）</td><td>专业技能</td><td></td><td>12</td><td>60%</td></tr>
<tr><td>团队精神</td><td></td><td>4</td><td>20%</td></tr>
<tr><td>创新能力</td><td></td><td>4</td><td>20%</td></tr>
<tr><td rowspan="10">教师评价（80%）</td><td rowspan="3">实训过程</td><td>团队意识</td><td>12</td><td rowspan="3">40%</td></tr>
<tr><td>沟通协作能力</td><td>10</td></tr>
<tr><td>开拓精神</td><td>10</td></tr>
<tr><td rowspan="4">实训成果</td><td>内容完整性</td><td>8</td><td rowspan="4">40%</td></tr>
<tr><td>格式规范性</td><td>8</td></tr>
<tr><td>方法适宜性</td><td>8</td></tr>
<tr><td>书写工整性</td><td>8</td></tr>
<tr><td rowspan="3">实训考勤</td><td>迟到</td><td>4</td><td rowspan="3">20%</td></tr>
<tr><td>早退</td><td>4</td></tr>
<tr><td>缺席</td><td>8</td></tr>
</table>

第3篇　清单计价方式确定市政工程造价

项目 7　编制市政工程招标工程量清单

招标文件是市政工程施工招标过程中非常重要的经济性文件。编制市政工程招标工程量清单又是编制招标文件的重要环节。对于招标人来说，科学合理地编制招标工程量清单，会对项目后期招标控制价的编制、合同价款的约定以及工程结算起到良好的控制效果；对于投标人来说，有了高质量的招标工程量清单作参照，会对项目后期的投标报价、工程施工控制和后期维护大有裨益。

[实训目标]

1. 能理解市政工程招标工程量清单的概念和意义；
2. 能理解市政工程招标工程量清单的地位和作用；
3. 能运用施工图、清单计价和工程量计算规范、相关设计及施工规范或图集编制市政工程招标工程量清单。

[实训案例]

编制××市政道路工程项目招标工程量清单。

1. 工程概况

××市政道路工程的路面结构层如图 7-1 所示，标准横断面图如图 7-2 所示；道路起点桩号为 K0＋000，终点桩号为 K0＋267.005；道路宽度为 22m。该段道路包含部分道路交叉口交通信号灯系统工程，有关情况详见招标文件相关规定。在道路两侧部分路段均有墙高为 5m 的轻型挡土墙，两侧挡土墙长度共计 464.24m。

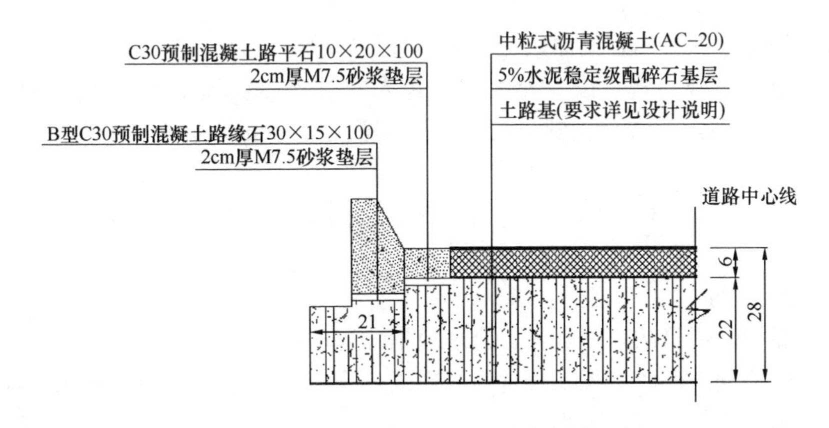

图 7-1　××市政道路工程项目路面结构图

2. 编制要求

根据《建设工程工程量清单计价规范》GB 50500—2013；《市政工程工程量计算规范》GB 50857—2013；四川省行业主管部门对于人工费、安全文明施工费

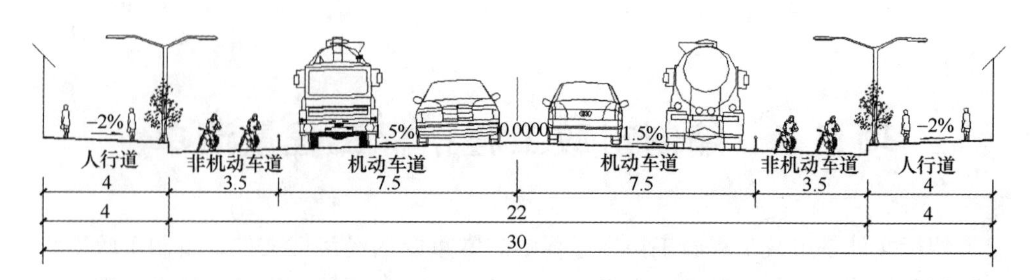

图 7-2 ××市政道路工程项目标准横断面图

等相关费用的计费办法，对“水泥稳定碎石基层”、“沥青混凝土面层”、“挡土墙脚手架”等分部分项工程项目及单价措施项目工程量进行计算，并编制分部分项工程及单价措施项目清单、总价措施项目清单、其他项目清单、规费项目清单和税金项目清单。

3. 招标文件相关规定

(1) 本工程除涉及的相关专业工程（道路交叉口交通信号灯系统工程等）由招标人另行招标外，其余均进行统一招标。

(2) 本次招标性质为施工总承包；招标内容包括完成招标工程量清单中的所有工作项目所必需消耗的人工、材料和机械设备等资源。

(3) 各投标人应按照该工程所在地的造价主管部门发布的现行定额结合人工费调整的相关规定综合确定人工单价、机械台班单价。

(4) 各投标人应按照该工程所在地的造价主管部门发布的现行定额结合工程所在地的材料市场价格信息综合确定材料单价、机械台班单价。

(5) 投标人所确定的各分项工程项目的综合单价，视为已经包含了为完成该项目所必需消耗的人工、材料、机械台班消耗量和一定风险的管理费及利润。

(6) 该工程的暂列金额原则上不应超过分部分项工程费的10%。

(7) 总承包服务费系按专业工程承包人的要求提供施工工作面并对施工现场进行统一管理，对竣工资料进行统一整理汇总。投标人应自行确定该项费用。

任务1 清单项目划分及计算清单工程量

1. 实训目的

(1) 能根据项目的背景资料，合理地划分清单项目；

(2) 能根据《市政工程工程量计算规范》GB 50857—2013，正确地计算该项目招标工程量清单的清单工程量。

2. 实训内容

(1) 清单项目的划分

根据设计施工图纸、编制要求和招标文件相关规定，参照《建设工程工程量清单计价规范》GB 50500—2013、《市政工程工程量计算规范》GB 50857—2013，并结合工程项目的实际情况进行清单项目的确定及划分。

（2）计算清单工程量

根据设计施工图纸，参照《市政工程工程量计算规范》GB 50857—2013，并结合工程项目的实际情况计算各项目的清单工程量。

3. 实训步骤与指导

为了正确地划分工程的清单项目和计算清单工程量，应做到以下几点：

（1）熟悉资料

熟悉《建设工程工程量清单计价规范》GB 50500—2013和各专业工程计量规范、当地计价规定及相关文件，便于快速算量，调整人工费和材料单价等；熟悉设计文件，掌握工程全貌，便于清单项目列项的完整、工程量的准确计算及清单项目的准确描述，对设计文件中出现的问题应及时提出；熟悉招标文件、招标图纸，确定工程量清单编制的范围及需要设定的暂估价，收集相关市场价格信息，为暂估价的确定提供依据。熟悉设计文件中列明的相关规范和图集，保证工程量计算的准确性。

（2）现场踏勘

现场踏勘需考虑两个方面的情况，首先是自然地理条件，工程所在地的地理位置、地形、地貌、用地范围等；气象、水文情况；地质情况；地震、洪水及其他自然灾害情况。配合设计文件中的地勘报告加以佐证，对工程的特点有一个全面、深入的把握，保证编制的招标工程量清单切合实际。二是施工条件，工程现场周围的道路、进出场条件、交通限制情况；工程现场施工临时设施、大型施工机具、材料堆放场地安排情况；工程现场邻近建筑物与招标工程的间距、结构形式、基础埋深、新旧程度、高度；市政给水排水管线位置、管径、压力，废水、污水处理方式，市政、消防供水管道管径、压力、位置等；现场供电方式、方位、距离、电压等；工程现场通信线路的连接和铺设；当地政府有关部门对施工现场管理的一般要求、特殊要求及规定等。

（3）拟定常规的施工组织设计

由于招标工程清单并没有站在某个具体的施工企业的角度来考虑施工组织设计，只能按照拟建工程最可能采取的常规施工组织设计考虑。施工组织设计应包括拟定施工总方案，确定施工顺序，编制施工进度计划，计算人、材、机需要量，布置施工平面等。根据常规的施工组织设计，拟定的常规施工方案、施工顺序、施工方法等，便于工程量清单的编制及准确计算，特别是工程量清单中的可竞争性单价措施项目。

4. 实训成果

根据实训案例要求，列出“水泥稳定碎石”、“沥青混凝土”和“墙面脚手架”三个清单项目，根据施工图和《市政工程工程量计算规范》GB 50857—2013相应计算规则，确定三个项目的项目编码并计算工程量。计算过程及结果见表7-1。

清单工程量计算表 表 7-1

序号	项目编码	项目名称	单位	工程数量	工程量计算式（长×宽）
1	040202015001	水泥稳定碎石	m^2	5986.16	267.005×（22+2×0.21）
2	040203006001	沥青混凝土	m^2	5767.32	267.005×（22−2×0.20）
3	041101001001	墙面脚手架	m^2	2321.20	464.24×5

任务2 编制分部分项工程项目及单价措施项目清单

1. 实训目的

（1）能根据施工图纸和清单计价、工程量计算规范，结合项目实际情况科学合理地编制分部分项工程项目清单；

（2）能根据施工图纸和清单计价、工程量计算规范，结合项目实际情况科学合理地编制单价措施项目清单。

2. 实训内容

（1）编制分部分项工程项目清单

根据设计施工图纸，编制要求和招标文件相关规定，参照《建设工程工程量清单计价规范》GB 50500—2013、《市政工程工程量计算规范》GB 50857—2013，并结合工程项目的实际情况编制分部分项工程项目清单。

（2）编制单价措施项目清单

根据设计施工图纸，编制要求和招标文件相关规定，参照《建设工程工程量清单计价规范》GB 50500—2013、《市政工程工程量计算规范》GB 50857—2013，并结合工程项目的实际情况编制单价措施项目清单。

3. 实训步骤与指导

分部分项工程量清单所反映的是拟建工程分项实体工程项目名称和相应数量的明细清单，包括项目编码、项目名称、项目特征、计量单位和工程量。

（1）项目编码

项目编码是分部分项工程和措施项目清单名称的阿拉伯数字标识，采用十二位阿拉伯数字表示，一～九位应按照相应专业工程量计算规范附录的规定设置，十～十二位应根据拟建工程的工程量清单项目名称和项目特征设置，同一招标工程的项目编码不得有重码。

例如某个大型市政建设项目下有道路工程、桥梁护岸工程、道路绿化工程共三个单项工程，而道路工程、桥梁护岸工程、道路绿化工程中均有挖土方这个清单项目，那么道路工程的挖土方项目的项目编码设置为“040101001001”，桥梁护岸工程的挖土方项目的项目编码设置为“040101001002”，道路绿化工程的挖土方项目的项目编码设置为“040101001003”，保证各个单项工程中的清单项目编码中没有重码。

（2）项目名称

分部分项工程的项目名称，应按相应专业工程量计算规范附录的项目名称结合拟建工程的实际确定。即可以在工程量计算规范附录中给出的项目名称的基础上作修改，这种修改应是对附录项目名称的指向化和具体化。例如“人行道块料铺设（040204002）”这个附录项目名称，在实际中会依据工程实际所用到的人行道块料的具体材料而发生变化，确定为“人行道彩色花砖铺设”或“人行道花岗岩石材铺设”等。

(3) 项目特征

项目特征是构成分部分项工程、措施项目自身价值的本质特征。

分部分项工程的项目特征，是确定一个清单项目综合单价不可缺少的重要依据，在编制分部分项工程量清单时，必须对项目特征进行准确和全面的描述。为达到规范、简洁、准确、全面描述项目特征的要求，在描述项目特征时应注意以下原则：

1）项目特征描述的内容应按附录中的规定，结合拟建工程的实际，满足确定综合单价的需要；

2）若采用标准图集或施工图纸能够全部或部分满足项目特征描述的要求，推荐的描述可直接采用详见××图集或××图号的方式；

3）工程量计算规范附录中对于每个项目的项目特征如何描述，给出了一定的指引，但这个指引仅仅应作为描述项目特征的参考，编制者可以根据工程实际增加和删减描述的细目，前提当然是满足综合单价组价的需求。

特征描述的方式可以划分为“问答式”与“简化式”两种。

问答式主要是工程量清单编制人直接采用工程量计算规范附录中提供的特征描述项目，采用问答的方式进行描述。这种方式全面、详细，但较繁琐，内容篇幅较多。

简化式则与问答式相反，对需要描述的项目特征内容根据当地的用语习惯，采用口语化的方式直接表述，省略了规范上的描述要求，简洁明了，内容篇幅较少。

二者描述方式对比见表7-2。

特征描述方式对比表　　　　**表7-2**

序号	项目编码	项目名称	项目特征描述	
			问答式	简化式
1	040202015001	水泥稳定碎（砾）石	1. 水泥含量：5%； 2. 石料规格：符合设计及施工规范要求； 3. 厚度：22cm； 4. 拌合方式：路拌法	1. 5%水泥含量； 2. 22cm厚； 3. 采用路拌法施工； 4. 石料规格应满足相关施工规范要求
2	040203006001	沥青混凝土	1. 沥青品种：普通沥青； 2. 沥青混凝土种类：中粒式沥青混凝土AC-20； 3. 厚度：6cm； 4. 拌合方式：厂拌法； 5. 其他：本项目包含沥青混合料运输费用，运距由投标人自行考虑	1. 沥青品种为普通沥青； 2. 中粒式沥青混凝土AC-20； 3. 采用厂拌法施工； 4. 本项目包含沥青混合料运输费用，运距由投标人自行考虑

(4) 计量单位

关于分部分项工程的计量单位，应遵守《建设工程工程量清单计价规范》规定，当附录中有两个或两个以上计量单位的，应结合拟建工程项目的实际选择其中之一，一般会选择与计价定额对应项目相同的计量单位，以方便计价。

(5) 工程量的计算

关于分部分项工程的工程量，应严格按照专业工程量计算规范规定的工程量计算规则计算。在计算过程中，要尽量保证快速、准确、不漏算、不重算，建议依据一定的计算原则和方法。

1) 计算口径一致

根据施工图列出的工程量清单项目，必须与专业工程计量规范中相应清单项目的口径一致。

2) 以施工图纸为主要计算依据

工程量按每一分项工程，根据设计图纸进行计算，计算时采用的原始数据必须以施工图纸所表示的尺寸或施工图纸能读出的尺寸为准，不得任意增减。

3) 按一定顺序计算

计算分部分项工程量时，可以按照定额编目顺序或按照施工图专业顺序依次进行计算。对于计算同一张图纸的分项工程量时，一般可采用以下几种顺序：按顺时针或逆时针顺序计算；按先横后纵顺序计算；按轴线编号顺序计算；按施工先后顺序计算；按定额分部分项顺序计算。

关于单价措施项目清单的编制步骤及指导内容详见任务3。

4. 实训成果

根据施工图纸及《建设工程工程量清单计价规范》GB 50500—2013，《市政工程工程量计算规范》GB 50857—2013，编制“分部分项工程和单价措施项目清单表”，见表7-3。

分部分项工程和单价措施项目清单表　　表7-3

工程名称：××市政工程道路建设项目　　第1页　共1页

序号	项目编码	项目名称	项目特征	计量单位	工程量	金额（元）		
						综合单价	合价	其中 暂估价
	分部分项工程项目清单							
1	040202015001	水泥稳定碎（砾）石	1. 水泥含量：5%； 2. 石料规格：符合设计及施工规范要求； 3. 厚度：22cm； 4. 拌合方式：路拌法； 5. 其他：本项目综合单价包含基层洒水养生费用	m^2	5986.16			

续表

序号	项目编码	项目名称	项目特征	计量单位	工程量	金额（元）		
						综合单价	合价	其中 暂估价
2	040203006001	沥青混凝土	1. 沥青品种：普通沥青； 2. 沥青混凝土种类：中粒式沥青混凝土 AC-20； 3. 厚度：6cm； 4. 拌合方式：厂拌法； 5. 其他：本项目包含沥青混合料运输费用，运距由投标人自行考虑	m^2	5767.32			
	单价措施项目清单							
3	041101001001	墙面脚手架	墙高：5m	m^2	2321.2			
合计								

任务3　编制措施项目清单

1. 实训目的

（1）能根据施工图纸和清单计价、工程量计算规范，结合项目实际情况科学合理地编制总价措施项目清单；

（2）能根据施工图纸和清单计价、工程量计算规范，结合项目实际情况科学合理地编制单价措施项目清单。

2. 实训内容

（1）编制总价措施项目清单

根据设计施工图纸，编制要求和招标文件相关规定，参照《建设工程工程量清单计价规范》GB 50500—2013、《市政工程工程量计算规范》GB 50857—2013，并结合工程项目的实际情况编制总价措施项目清单。

（2）编制单价措施项目清单

根据设计施工图纸，编制要求和招标文件相关规定，参照《建设工程工程量清单计价规范》GB 50500—2013、《市政工程工程量计算规范》GB 50857—2013，并结合工程项目的实际情况编制单价措施项目清单。

3. 实训步骤与指导

措施项目清单所反映的是在完成工程项目施工过程中，发生于该工程施工准备和施工过程中的技术、生活、安全、环境保护等方面的项目清单，《建设工程工程量清单计价规范》中将措施项目分为单价措施项目和总价措施项目两大部分。

（1）单价措施项目

单价措施项目是能根据合同工程图纸（含设计变更）和相关规范的工程量计算规则进行计量的项目。

单价措施项目是指可以根据相关工程国家计量规范规定的计算规则进行计量的措施项目，例如："脚手架工程"、"混凝土模板及支架工程"、"围堰"、"便道及便桥"等，这些项目在列项时不仅要考虑施工现场情况、地勘水文资料、工程特点及常规施工方案，还应包括设计文件和招标文件中提出的某些必须通过一定的技术措施才能实现的要求。

（2）总价措施项目

总价措施项目是指相关规范中没有相应的工程量计算规则，不能计算工程量的项目。

总价措施项目不能精确地计算工程量，但是却与施工工程的使用时间、施工方法或者两个以上的工序相关，例如"安全文明施工"、"冬雨期施工"、"已完工程设备保护"等。这些项目在相关专业工程量计算规范中无具体计算规则，但对于辅助工程施工举足轻重。总价措施项目的计算有两种方法：一是直接给定总价；二是采取相关计费基础乘费率的形式。

需要强调的是，无论是单价措施项目还是总价措施项目，《建设工程工程量清单计价规范》和相关专业工程量计算规范中都给出参考的项目名称，编制者依据工程实际，结合工程所在地的相关规章、文件参照列项；对于规范中未列的项目，编织者可根据实际情况进行补充。

4. 实训成果

根据《建设工程工程量清单计价规范》GB 50500—2013中"总价措施项目清单与计价表"相关说明，本例中各总价措施项目的"计算基础"选取为"分部分项定额人工费＋单价措施项目定额人工费"。根据2015版《四川省建设工程工程量清单计价定额——爆破工程　建筑安装工程费用　附录》的费用计算说明，取费费率采用安全文明施工基本费费率标准（工程在市区时）的双倍计取。其他总价措施项目费根据拟建工程特点确定，具体情况参见表下注写说明。编制的"总价措施项目清单表"见表7-4。

总价措施项目清单表　　　　**表7-4**

工程名称：××市政工程道路建设项目　　　　第1页　共1页

序号	项目编码	项目名称	计算基础	费率（%）	金额（元）	调整费率（%）	调整后金额（元）	备注
1	041109001001	安全文明施工						
1.1		环境保护	分部分项清单定额人工费＋单价措施项目定额人工费	0.4				
1.2		文明施工		3.48				
1.3		安全施工		5.26				
1.4		临时设施		6.82				

续表

序号	项目编码	项目名称	计算基础	费率（%）	金额（元）	调整费率（%）	调整后金额（元）	备注
5	041109005001	行车、行人干扰增加费	定额人工费＋机械费	3				
		合计						

注：1. 根据本工程实际情况，考虑该项目的其他总价措施项目为“行车、行人干扰增加费”，相关计费基础和费率根据2015版《四川省建设工程工程量清单计价定额——市政工程》的措施项目分部说明确定；

2. 表格中安全文明施工费费率数据系参照［四川省住房和城乡建设厅关于印发《建筑业营业税改征增值税四川省建设工程计价依据调整办法》］的通知（川建造价发〔2016〕349号）。

本例中的单价措施项目见表7-3。

任务4 编制其他项目清单

1. 实训目的

（1）能根据施工图纸和清单计价、工程量计算规范，结合项目实际情况合理地确定其他项目清单应当包含的费用细目；

（2）能根据清单计价、工程量计算规范和地方清单计价定额，口述其他项目清单中暂列金额、暂估价、计日工和总承包服务费的基本计算方法；

（3）能根据施工图纸和清单计价、工程量计算规范，结合项目实际情况科学合理地编制其他项目清单。

2. 实训内容

（1）确定其他项目清单费用细目

根据设计施工图纸，编制要求和招标文件相关规定，参照《建设工程工程量清单计价规范》GB 50500—2013、《市政工程工程量计算规范》GB 50857—2013，并结合工程项目的实际情况确定其他项目清单的费用细目。

（2）编制其他项目清单

根据设计施工图纸，编制要求和招标文件相关规定，参照《建设工程工程量清单计价规范》GB 50500—2013、《市政工程工程量计算规范》GB 50857—2013，并结合工程项目的实际情况编制其他项目清单。

3. 实训步骤与指导

其他项目清单由暂列金额、暂估价、计日工和总承包服务费四部分组成。

（1）暂列金额

暂列金额用于工程合同签订时尚未确定或者不可预见的所需材料、工程设备、服务的采购，施工中可能发生的工程变更、合同约定调整因素出现时的合同价款调整以及发生的索赔、现场签证确认等的费用。

（2）暂估价

招标人在工程量清单中提供的用于支付必然发生但暂时不能确定价格的材

料、工程设备的单价以及专业工程的金额。

(3) 计日工

在施工过程中，承包人完成发包人提出的工程合同范围以外的零星项目或工作，按合同中约定的单价计价的一种方式。

(4) 总承包服务费

总承包人为配合协调发包人进行的专业工程发包，对发包人自行采购的材料、工程设备等进行保管以及施工现场管理、竣工资料汇总整理等服务所需的费用。

4. 实训成果

根据《建设工程工程量清单计价规范》GB 50500—2013及2015版《四川省建设工程工程量清单计价定额——爆破工程　建筑安装工程费用　附录》的费用计算说明编制其他项目清单表（见表7-5）及其所涵盖各分表：暂列金额项目表（见表7-6）；专业工程暂估价表（见表7-7）；计日工项目表（见表7-8）；总承包服务费表（见表7-9）。各分表具体计算细则见表下说明。

其他项目清单表　　表7-5

工程名称：××市政工程道路建设项目　　第1页　共1页

序号	项目名称	金额（元）	结算金额（元）	备注
1	暂列金额	90000.00		明细详见表7-6
2	暂估价	100000.00		
2.1	材料（工程设备）暂估价	—		—
2.2	专业工程暂估价	100000.00		明细详见表7-7
3	计日工			明细详见表7-8
4	总承包服务费	3000.00		明细详见表7-9
合计		193000.00		—

暂列金额项目表　　表7-6

工程名称：××市政工程道路建设项目　　第1页　共1页

序号	项目名称	计量单位	暂定金额（元）	备注
1	工程量偏差和设计变更	项	90000.00	
合计			90000.00	

注：暂列金额可根据工程概算总金额的一定比例计算得到。本工程概算总金额为900000元，故暂列金额按概算总金额的10%计算得出。

专业工程暂估价表　　表7-7

工程名称：××市政工程道路建设项目　　第1页　共1页

序号	工程名称	工程内容	暂估金额（元）	结算金额（元）	差额±（元）	备注
1	××交叉口信号灯系统		100000.00			
合计			100000.00			

注：专业工程暂估价应根据拟建工程特点确定。本工程根据招标文件，道路交叉口交通信号灯系统工程由招标人另行招标，估算道路交叉口交通信号灯系统工程工程量，参照市场价格，估算该项专业工程价款（包括规费和税金以外的所有费用）为100000.00元。

计日工项目表 **表 7-8**

工程名称：××市政工程道路建设项目 第1页 共1页

编号	项目名称	单位	暂定数量	实际数量	综合单价（元）	合价（元）	
						暂定	实际
一	人工						
1	普工	工日	100				
2	技工	工日	60				
人工小计							
二	材料						
1	钢筋	t	1				
2	水泥 42.5	t	2				
材料小计							
三	施工机械						
1	自升式塔吊起重机	台班	4				
2	灰浆搅拌机	台班	2				
施工机械小计							
四	企业管理费和利润						
总计							

注：本工程根据招标文件，编制招标工程量清单时，根据工程实际情况暂定一定数量的计日工，在编制招标控制价和投标报价时可参考报价。

总承包服务费项目表 **表 7-9**

工程名称：××市政工程道路建设项目 第1页 共1页

序号	项目名称	项目价值（元）	服务内容	计算基础	费率（%）	金额（元）
1	发包人发包专业工程		按专业工程承包人的要求提供施工工作面并对施工现场进行统一管理，对竣工资料进行统一整理汇总	专业工估算价值	3	3000.00
合计						3000.00

注：本工程根据招标文件，招标人要求对分包的专业工程进行总承包管理和协调，并同时要求提供配合服务时，按分包的专业工程估算造价的一定费率计算。本工程总承包服务费的费率按3%计取。

任务5 编制规费项目清单和税金项目清单

1. 实训目的

（1）能根据清单计价、工程量计算规范，结合项目实际情况科学合理地编制规费项目清单；

（2）能根据清单计价、工程量计算规范和地方清单计价定额，口述规费项目清单中相关费用的基本计算方法；

（3）能根据清单计价、工程量计算规范，结合项目实际情况科学合理地编制税金项目清单；

（4）能根据清单计价、工程量计算规范和地方清单计价定额，口述税金的基本计算方法。

2. 实训内容

（1）编制规费项目清单

根据设计施工图纸，编制要求和招标文件相关规定，参照《建设工程工程量清单计价规范》GB 50500—2013、《市政工程工程量计算规范》GB 50857—2013，并结合工程项目的实际情况编制规费项目清单。

（2）编制税金项目清单

根据设计施工图纸，编制要求和招标文件相关规定，参照《建设工程工程量清单计价规范》GB 50500—2013、《市政工程工程量计算规范》GB 50857—2013，并结合工程项目的实际情况编制税金项目清单。

3. 实训步骤与指导

规费和税金必须按国家或省级、行业建设主管部门的规定计算。

规费是由一个计费基础乘以相应的费率得到的。由于各省建设主管部门的规定不尽相同，导致计费基础的设置和相应的费率的取值都会有所不同。

税金是以分部分项工程量清单费、措施项目清单费、其他项目清单费和规费的和为计算基础，乘以相应的综合税率得到的。综合税率的取值由国家或省级、行业建设主管部门颁发的相关政策、文件确定。

4. 实训成果

根据《建设工程工程量清单计价规范》GB 50500—2013 及相关地区性文件，编制规费项目清单和税金项目清单，见表 7-10。

规费、税金项目表　　**表 7-10**

工程名称：××市政工程道路建设项目　　第1页　共1页

序号	项目名称	计算基础	计算基数	费率（%）	金额（元）
1	规费				
1.1	社会保险费	分部分项清单定额人工费＋单价措施项目清单定额人工费			
（1）	养老保险费	分部分项清单定额人工费＋单价措施项目清单定额人工费			
（2）	失业保险费	分部分项清单定额人工费＋单价措施项目清单定额人工费			
（3）	医疗保险费	分部分项清单定额人工费＋单价措施项目清单定额人工费			
（4）	工伤保险费	分部分项清单定额人工费＋单价措施项目清单定额人工费			

续表

序号	项目名称	计算基础	计算基数	费率（%）	金额（元）
(5)	生育保险费	分部分项清单定额人工费＋单价措施项目清单定额人工费			
1.2	住房公积金	分部分项清单定额人工费＋单价措施项目清单定额人工费			
1.3	工程排污费	按工程所在地环境保护部门收取标准按实计算			
2	增值税税金	分部分项工程费＋措施项目工程费＋其他项目费＋规费			
合计					

任务6 编制总说明

1. 实训目的

能根据工程背景资料，结合编制清单主体内容中的实际体验，编制市政工程招标工程量清单的总说明；要求语言精练，逻辑清晰。

2. 实训内容

根据在编制过程中积累的经验，结合案例工程的示范，编制市政工程招标工程量清单的总说明。

3. 实训步骤与指导

招标工程量清单的说明应视工程的规模而定，一般性市政工程，编制招标工程量清单总说明即可；大型市政工程建设项目，不仅应编制招标工程量清单总说明，还应针对各个单项工程单独编制相关说明。一般说明应包括以下内容：

（1）工程概况

工程概况是指拟编制市政工程的地理位置、建设规模、工程特征、计划工期、施工现场实际情况、自然地理条件、环境保护要求等。

（2）工程招标及分包范围

招标范围是单位工程的招标范围。对于大型的市政建设项目，作为一个整体进行招标将大大降低招标的竞争性，因为符合招标条件的潜在投标人数量太少，这样对于每个待招标的工程项目都应界定明晰的招标范围，方便投标人做资料收集、分析，形成合理的报价。

分包范围是某些特殊的专业工程的分包范围。例如“甲供”的情况；或是合同签订后，总承包方可以将工程的一些专业性很强的分部工程或者劳务部分进行分包等。

（3）工程量清单编制依据

招标工程量清单编制依据包括建设工程工程量清单计价规范、设计文件、招标文件、施工现场情况、工程特点及常规施工方案等。

（4）工程质量、材料、施工等的特殊要求

关于工程质量、材料、施工等的特殊要求，主要是指招标方结合拟招标工程的实际，提出常规方案中没有的或不具体的一些特殊性要求。例如在工程质量方面，招标人要求拟建工程的质量应达到合格或优良标准；在材料方面，招标人对水泥的品牌、钢材的生产厂家、装饰块料的生产地提出的要求；在施工方面，招标人提出拟招标项目的施工方案与常规施工方案不同的地方。

(5) 其他需要说明的事项

所谓其他需要说明的事项，主要是针对具体工程需要阐明问题的特别说明。例如该工程项目的招标工程量清单在编制过程遇到了哪些特殊问题，编制者参照何种依据，采取什么途径或手段解决了问题；或是问题并没有解决，留待在后续的环节中解决等。

4. 实训成果

根据案例工程，得到的编制总说明见表7-11。

编制总说明 **表7-11**

工程名称：××市政工程道路建设项目 第1页 共1页

1. 工程概况 本工程系××市政工程道路建设项目，该建设项目包括道路工程、桥梁工程、给水排水工程、交通工程、路灯工程共计五个单项工程。该道路位于××（道路地理位置），道路设计范围为K0＋000～K0＋5000，长度为5000m。路面标准横断面宽度为30m＝4m（人行道）＋3.5m（非机动车道）＋15m（机动车道）＋3.5m（非机动车道）＋4m（人行道）；工程计划工期为360日历天；施工现场实际情况、自然地理条件、环境保护要求见《××市政工程道路建设项目地勘报告》；其余单项工程概况见各单项工程说明。 2. 工程招标和分包范围 本工程按施工图纸范围招标（包括道路工程、桥梁工程、给水排水工程、交通工程、路灯工程）。除道路交叉口所涉及的信号灯系统必须委托具有专业资质的安装单位施工外，其他工程项目均采用施工总承包。 3. 工程量清单编制依据 (1)《建设工程工程量清单计价规范》GB 50500—2013； (2) ××设计研究院设计的《××市政工程道路建设项目施工图》； (3) ××市政工程道路建设项目招标文件。 4. 工程、材料、施工等的特殊要求 (1) 工程施工组织及管理满足《城镇道路工程施工与质量验收规范》CJJ 1—2008； (2) 工程质量满足《城镇道路工程施工与质量验收规范》CJJ 1—2008； (3) 除某些专业性较强的材料（如交通信号灯）需指定三个或三个以上的品牌以外，其余材料无特殊要求。 5. 其他需要说明的问题 无。

任务7 填写封面及装订

1. 实训目的

(1) 能口述市政工程招标工程量清单封面上各栏目的具体含义；

(2) 能根据工程实际情况填写工程招标工程量清单封面；

(3) 能对市政工程招标工程量清单在编制过程中所产生的成果文件进行整理和装订；

(4) 能对市政工程招标工程量清单在编制过程所产生的底稿文件进行整理和存档。

2. 实训内容

(1) 根据设计施工图纸，编制要求和招标文件相关规定，结合工程实际填写市政工程招标工程量清单封面；

(2) 根据编制要求、招标文件相关规定和《建设工程工程量清单计价规范》GB 50500—2013，对编制过程中已完成的所有成果文件进行整理和装订；

(3) 本着积累资料，丰富经验的目的，对编制过程中产生的底稿文件进行整理和存档。

3. 实训步骤与指导

完整的招标工程量清单封面应包括工程名称、招标人、造价咨询人（若招标人委托则有）的名称；招标人、造价咨询人（若招标人委托则有）的法定代表人或其授权人的签章；具体编制人和复核人的签章；具体的编制时间和复核时间。

需要注意的是，以上所说的编制人和复核人是指自然人，且编制人可以是符合各地规定的建设工程造价员和全国注册造价工程师，复核人只能是全国注册造价工程师。

根据《建设工程工程量清单计价规范》GB 50500—2013，最后形成的招标工程量清单按相应顺序排列应为：

(1) 招标工程量清单封面；

(2) 招标工程量清单扉页；

(3) 工程项目计价总说明；

(4) 分部分项工程和单价措施项目清单表；

(5) 总价措施项目清单表；

(6) 其他项目清单表；

(7) 暂列金额明细表；

(8) 材料（工程设备）暂估单价及调整表；

(9) 专业工程暂估价表；

(10) 规费、税金项目表。

将上述相关表格文件装订成册，即成为完整的招标工程量清单文件。需要强调的是，由于招标人所用工程量清单表格与投标人报价所用表格是同一表格，招标人发布的表格中，除暂列金额、暂估价列有金额外，其他表格仅仅是列出工程量，此招标工程量清单文件随同招标文件一同发布，作为投标报价的重要依据。

在编制过程中产生的底稿文件主要包括清单项目划分依据、清单工程量计算表、计日工工程量估算表等，上述资料也应整理和归档，留存电子版或纸质版，以备项目后期查用参照。

4. 实训成果（表7-12）

招标工程量清单封面　　　　表 7-12

××市政工程道路建设项目工程

招标工程量清单

招　标　人：________________　　造价咨询人：________________

（单位盖章）　　（单位资质专用章）

法定代表人　　法定代表人

或其授权人：________________　　或其授权人：________________

（签字或盖章）　　（签字或盖章）

全 国 建 设 工 程 造 价 员

×××　　市政064111×××

×××市工程咨询有限责任公司

有效期至：2019 年 10 月 20 日

中华人民共和国注册造价工程师

×××

B06410005×××

×××建设有限公司

有效期至：2018年12月31日

编　制　人：________________　　复　核　人：________________

（造价人员签字盖专用章）　　（造价工程师签字盖专用章）

编制时间：　　复核时间：

封-1

〔实训考评〕

编制市政工程招标工程量清单的项目实训考评应包含实训考核和实训评价两个方面。

1. 实训考核

实训考核是指实训教师在指导学生完成该项目时的具体考察核定方法，应从实训组织、实训方法以及实训时间安排三个方面来体现。具体内容详见表7-13。

实训考核措施及原则　　表7-13

<table>
<tr><td></td><td>实训组织</td><td>实训方法</td><td colspan="2">实训时间安排</td></tr>
<tr><td>措施</td><td>划分实训小组
构建实训团队</td><td>手工计算
软件计算</td><td>内容</td><td>时间（天）</td></tr>
<tr><td rowspan="7">原则</td><td rowspan="7">学生自愿
人数均衡
团队分工明确
分享机制</td><td rowspan="7">两种方法任选其一
两种方法互相验证</td><td>布置任务，制定工作计划</td><td>1</td></tr>
<tr><td>编制分部分项工程量清单</td><td>4</td></tr>
<tr><td>编制措施项目清单</td><td>1</td></tr>
<tr><td>编制其他项目清单</td><td>1</td></tr>
<tr><td>编制规费及税金项目清单</td><td>1</td></tr>
<tr><td>编写总说明及填写封面</td><td>1</td></tr>
<tr><td>清单整理、复核、装订</td><td>1</td></tr>
</table>

2. 实训评价

实训评价主要分为小组自评和教师评价两种方式，具体的评价办法参见表7-14。

实训评价方法　　表7-14

<table>
<tr><td>评价方式</td><td>项目</td><td>具体内容</td><td>满分分值</td><td>占比</td></tr>
<tr><td rowspan="3">小组自评（20%）</td><td>专业技能</td><td></td><td>12</td><td>60%</td></tr>
<tr><td>团队精神</td><td></td><td>4</td><td>20%</td></tr>
<tr><td>创新能力</td><td></td><td>4</td><td>20%</td></tr>
<tr><td rowspan="10">教师评价（80%）</td><td rowspan="3">实训过程</td><td>团队意识</td><td>12</td><td rowspan="3">40%</td></tr>
<tr><td>沟通协作能力</td><td>10</td></tr>
<tr><td>开拓精神</td><td>10</td></tr>
<tr><td rowspan="4">实训成果</td><td>内容完整性</td><td>8</td><td rowspan="4">40%</td></tr>
<tr><td>格式规范性</td><td>8</td></tr>
<tr><td>方法适宜性</td><td>8</td></tr>
<tr><td>书写工整性</td><td>8</td></tr>
<tr><td rowspan="3">实训考勤</td><td>迟到</td><td>4</td><td rowspan="3">20%</td></tr>
<tr><td>早退</td><td>4</td></tr>
<tr><td>缺席</td><td>8</td></tr>
</table>

项目8　编制市政工程招标控制价

编制市政工程招标控制价是编制市政工程招标工程量清单的后置环节。对于招标人来说，应在发布招标文件时公布招标控制价，同时应将招标控制价及有关资料报送工程所在地或有该项工程管辖权的行业管理部门工程造价管理机构备案。关于市政工程招标控制价的编制，招标人可以自行编制，也可以委托具有相应资质的造价咨询单位编制。科学合理地编制招标控制价，既为招标人后期控制工程造价奠定重要基础，又为投标人编制投标文件提供参考依据。

〔实训目标〕

1. 能理解市政工程招标控制价的概念和意义；

2. 能理解市政工程招标控制价的地位和作用；

3. 能运用施工图、国标清单计价和工程量计算规范、地方清单计价定额、相关设计及施工规范或图集编制市政工程招标控制价。

〔实训案例〕

编制××市政污水排水管道工程招标控制价。

1. 工程概况

××市政污水排水管道工程，管道起点为K0＋000，工程终点为K0＋200；整段管道共有4座污水检查井（窨井）；污水管采用公称直径为$DN1000$的钢筋混凝土Ⅱ级承插管，污水管道纵断面图详见图8-1；污水管道埋设断面图详见图8-2；污水检查井平面图见图8-3；污水检查井剖面图详见图8-4。

2. 编制要求

试根据“某市政污水排水管道工程”的工程量清单（见表8-1），结合《建筑

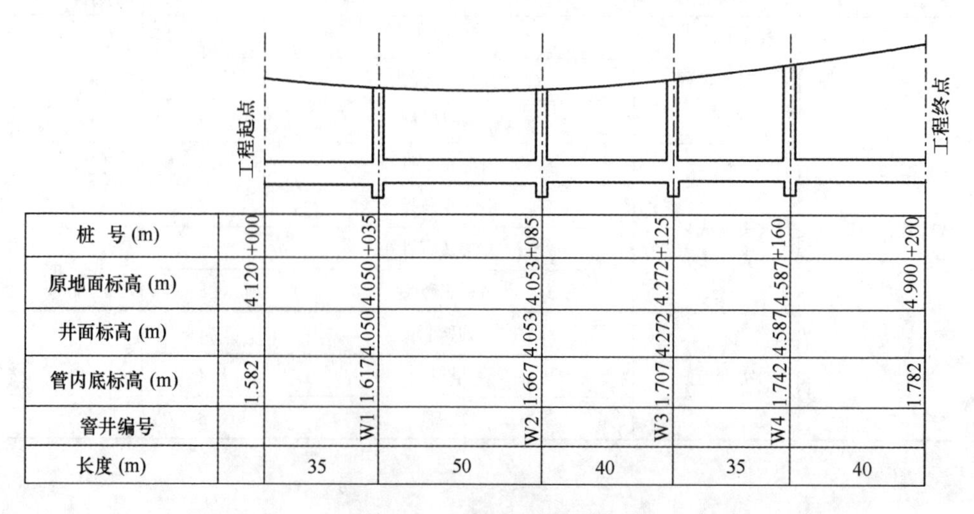

图8-1　污水管道纵断面图

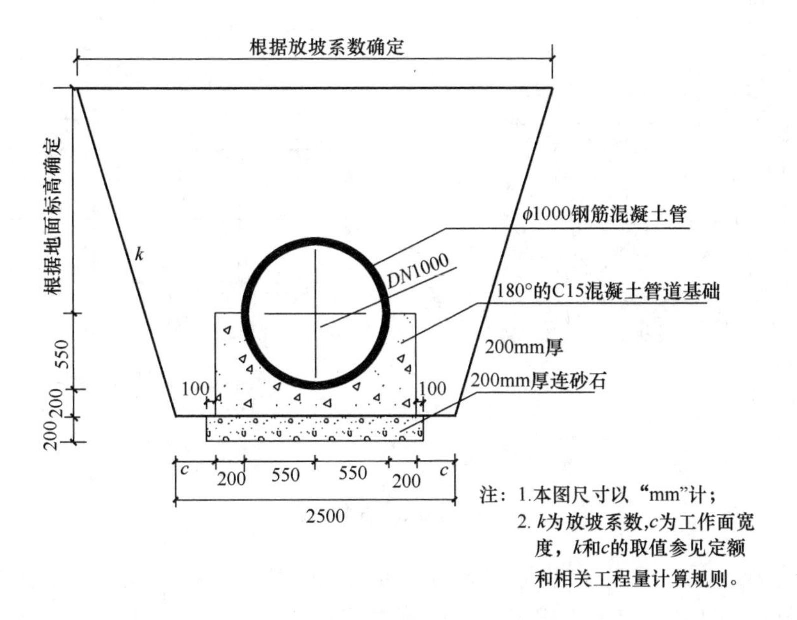

图 8-2　污水管道埋设断面图

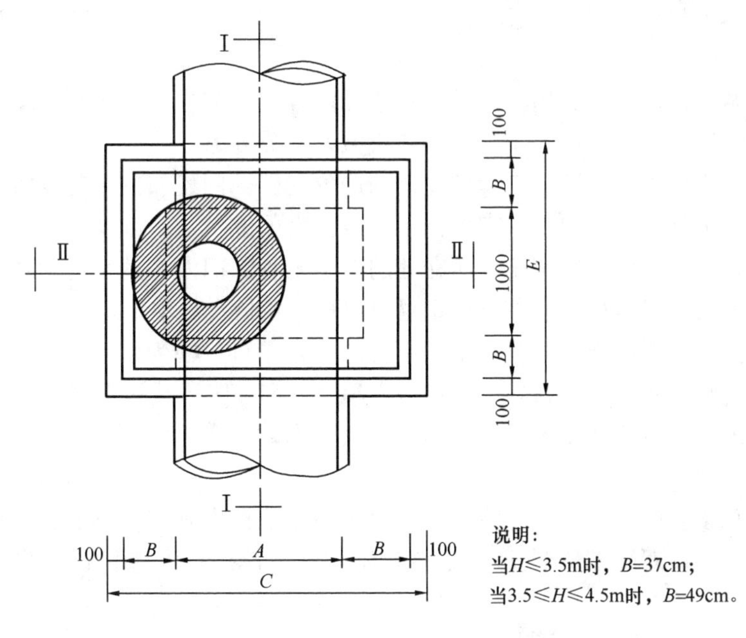

图 8-3　污水检查井平面图

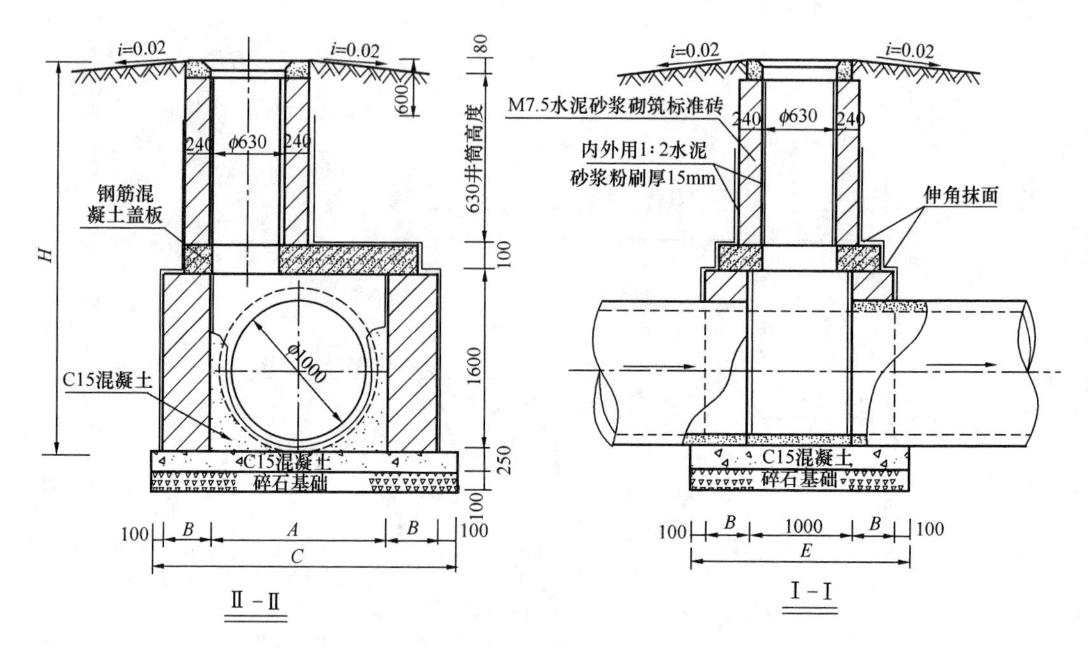

图 8-4　污水检查井剖面图

安装工程费用项目组成》（建标［2013］44 号）、《建设工程工程量清单计价规范》GB 50500—2013、《市政工程工程量计算规范》GB 50857—2013、2015 版《四川省建设工程工程量清单计价定额》、《四川省建设工程安全文明施工费计价管理办法》等，编制该市政排水管道工程的招标控制价。

3. 招标文件相关规定

（1）本工程包含设计施工图涵盖的所有项目内容，所有项目内容进行统一招标。

（2）本次招标性质为施工总承包；招标内容包括完成招标工程量清单中的所有工作项目所必需消耗的人工、材料和机械设备等资源。

（3）各投标人应按照该工程所在地的造价主管部门发布的现行定额结合人工费调整的相关规定综合确定人工单价、机械台班单价。

（4）各投标人应按照该工程所在地的造价主管部门发布的现行定额结合工程所在地的材料市场价格信息综合确定材料单价、机械台班单价。

（5）投标人所确定的各分项工程项目的综合单价，视为已经包含了为完成该项目所必需消耗的人工、材料、机械台班消耗量和一定风险的管理费及利润。

（6）该工程招标控制价的其他项目费仅考虑暂列金额一项，原则上暂列金额不应超过分部分项工程费的 10%。

（7）总承包服务费是按专业工程承包人的要求提供施工工作面并对施工现场进行统一管理，对竣工资料进行统一整理汇总。各投标人应自行确定总承包服务费。

分部分项工程和单价措施项目清单表　　**表 8-1**

工程名称：某市政污水排水管道工程

序号	项目编码	项目名称	项目特征	计量单位	工程量
1	040101002001	挖沟槽土方	1. 土壤类别：Ⅲ类 2. 挖土深度：4m 以内	m^3	2094.00
2	040103001001	土方回填	1. 密实度要求：应满足相应设计及施工规范要求 2. 填方材料品种：工程性质良好的土 3. 填方粒径要求：应满足相应设计及施工规范要求 4. 填方来源：开挖基槽土	m^3	1016.75
3	040103002001	余方弃置	1. 废弃料品种：回填利用后剩余土 2. 运距：由投标人根据实际情况自行考虑	m^3	1077.25
4	040501001001	混凝土管	1. 垫层材质及厚度：200mm 厚连砂石 2. 管座材质：180°管座，C15 混凝土 3. 规格：*DN*1000 成品钢筋混凝土管（Ⅱ级），管材价格包含运输、接缝等费用 4. 铺设深度：4m 以内	m	200.00
5	040504001001	砌筑检查井	1. 垫层材质及厚度：100mm 厚碎石基础 2. 基础材质及厚度：250mm 厚 C15 混凝土 3. 砌筑材料品种、规格、强度等级：M7.5 水泥砂浆（中砂）砌筑井身和井筒 4. 勾缝、抹面要求：15mm 厚 1∶2 水泥砂浆内外抹灰 5. 盖板材质、规格：成品钢筋混凝土整体人孔板 6. 踏步材质、规格：成品塑钢踏步 7. 井盖、井圈材质、规格：成品高分子井盖、井圈	座	4
6	041101001001	检查井脚手架	高度：4m 以内	m^2	27.17
7	041102002001	混凝土基础模板	构件类型：管道 180°混凝土管座	m^2	301.30

任务 1　拟定常规施工方案及确定合同条款

1. 实训目的

(1) 能根据设计施工图纸和项目的背景资料，结合工程实际拟定项目常规施工方案；

（2）能根据现行《市政工程工程量计算规范》GB 50857—2013、《中华人民共和国标准施工招标文件》，确定招标文件中与市政工程造价相关的条款；

（3）能根据现行《市政工程工程量计算规范》GB 50857—2013、《建设工程施工合同（示范文本）》，确定施工合同中与市政工程造价相关的条款。

2. 实训内容

（1）拟定项目常规施工方案

根据设计施工图纸，编制要求和招标文件相关规定，结合工程项目的实际情况拟定项目常规施工方案。

（2）确定招标文件中与市政工程造价相关的条款

根据设计施工图纸，参照《市政工程工程量计算规范》GB 50857—2013、《中华人民共和国标准施工招标文件》，并结合工程项目的实际情况确定招标文件中与市政工程造价相关的条款。

（3）确定施工合同中与市政工程造价相关的条款

根据设计施工图纸，参照《市政工程工程量计算规范》GB 50857—2013、《建设工程施工合同（示范文本）》，并结合工程项目的实际情况确定施工合同中与市政工程造价相关的条款。

3. 实训步骤与指导

为了正确地拟定常规施工方案及确定合同条款，应做到以下几点：

（1）熟悉招标文件及规范政策

熟悉已拟定的招标文件和招标工程量清单，便于招标控制价列项的完整、清单项目的准确描述；熟悉国家或省级、行业建设主管部门颁发的计价依据和办法，确定招标控制价编审的范围及需要设定的暂估价，收集相关市场价格信息，为暂估价的确定提供依据。

（2）熟悉相关计价定额的综合基价构成和费率设置

各地区的计价定额的定额基价构成是不同的，有的包括人工费、材料费和机具费，企业管理费和利润需要按照当地规定计算；有的包括人工费、材料费、机具费、企业管理费和利润。确定综合单价时应注意：各地区的计价定额的费率设置也是不同的，应结合工程所在地的具体计价文件来综合确定。

（3）确定与市政工程造价相关的合同条款

确定与市政工程造价相关的招标文件条款和合同条款，目的是分别站在招标人和投标人的角度上去约束项目的一些特定情况，为招标控制价中具体细节的落实确定依据。

4. 实训成果

（1）拟定常规施工方案（表8-2）

管网工程常规施工方案　　表8-2

序号	项目名称	工作内容
1	挖沟槽土方	采用人工挖土，土壤类别为Ⅲ类，挖土深度在4m以内

续表

序号	项目名称	工作内容
2	土方回填	待沟槽开挖，将构筑物埋设进槽内，再进行回填，回填应利用原土（工程性质不良好的土除外），并须满足施工规范要求的压实度
3	余方弃置	土方外运至5km外弃土场
4	埋设混凝土管	铺筑管下垫层、浇筑带形基础，下管，调直，调制接口材料，管材为成品，不考虑运输、接口材料等费用
5	砌筑检查井	铺筑井底砂砾石垫层→支模并浇筑井底→砌筑井身→成品人孔板安装→砌筑井筒→安装踏步→内外砂浆抹面→安装井盖、井座

（2）确定招标文件中与市政工程造价相关的条款（表8-3）

××市政污水管道 工程招标文件（摘录） **表8-3**

发包人（全称）：××市城市投资发展有限公司

承包人（全称）：××市政施工公司

根据《中华人民共和国合同法》、《中华人民共和国建筑法》及有关法律规定，遵循平等、自愿、公平和诚实信用的原则，双方就__________工程施工及有关事项协商一致，共同达成如下协议：

1. 该工程建设资金来自自筹资金，招标人为××市城市投资发展有限公司。

2. 该工程规模较小，计划工期为180个日历天，招标范围为该工程施工图纸所包含的全部内容，项目整体设一个标段，采用施工总承包签订合同。

3. 工程列支暂列金额。暂列金额只有按照合同约定实际发生后，才成为承包人的应得金额，纳入合同结算价款中。

……

发包人（盖章）： 承包人（盖章）：

发包人代表（签字）： 承包人代表（签字）：

年 月 日 年 月 日

（3）确定施工合同中与市政工程造价相关的条款（表8-4）

××市政污水管道 工程施工合同（摘录） **表8-4**

发包人（全称）：××市城市投资发展有限公司

承包人（全称）：××市政施工公司

根据《中华人民共和国合同法》、《中华人民共和国建筑法》及有关法律规定，遵循平等、自愿、公平和诚实信用的原则，双方就__________工程施工及有关事项协商一致，共同达成如下协议：

1. 该工程工程量清单存在缺项、漏项的，工程量清单偏差超出专用合同条款约定的工程量偏差范围的，发包人应予以修正，并相应调整合同价格。

2. 该工程所发生的安全文明施工费由发包人承担，发包人不得以任何形式扣减该部分费用。

3. 因发包人原因造成工程不合格的，由此增加的费用和（或）延误的工期由发包人承担，并支付承包人合理的利润。

……

发包人（盖章）： 承包人（盖章）：

发包人代表（签字）： 承包人代表（签字）：

年 月 日 年 月 日

任务2　计算定额工程量并确定综合单价

1. 实训目的

(1) 能根据施工图纸和地方清单计价定额，结合项目实际情况，科学合理地套用项目定额并计算定额工程量。

(2) 能根据拟定的常规施工方案和《市政工程工程量计算规范》GB 50857—2013，结合项目实际情况，科学合理地确定各分部分项工程项目和单价措施项目的综合单价。

2. 实训内容

(1) 根据设计施工图纸，编制要求和招标文件相关规定，参照地方清单计价定额，并结合工程项目的实际情况套用定额并计算定额工程量。

(2) 根据设计施工图纸，编制要求和招标文件相关规定，并结合已拟定的常规施工方案确定各分部分项工程项目和单价措施项目的综合单价。

3. 实训步骤与指导

综合单价的组价，是确定分部分项工程费的先决条件。确定综合单价的步骤如下：

(1) 依据提供的招标工程量清单和施工图纸，按照工程所在地区的清单计价定额，确定清单项目所包括的计价项目及名称，并根据计价定额的计算规则计算计价工程量；

(2) 依据工程造价政策或工程造价信息确定其人工、材料、机械台班单价，企业管理费和利润，按规定程序计算出清单项目包含的计价项目合价；

(3) 将计价项目合价与可能涉及的未计价材料费相加除以工程量清单项目工程量，便得到分部分项清单项目综合单价。

下面举例确定实际分部分项清单项目的综合单价：

例：项目背景同项目7的实训案例，试确定水泥稳定碎（砾）石(040202015001)和沥青混凝土(040203006001)的综合单价。根据项目背景进行定额的套用和综合单价的组价，参照2015版《四川省建设工程工程量清单计价定额——市政工程》，水泥稳定碎（砾）石(040202015001)项目的综合单价分析见表8-5（所套用的定额项目见表8-6、表8-7），沥青混凝土(040203006001)项目的综合单价分析见表8-8（所套用的定额项目表见表8-9、表8-10）。

由表8-5和表8-8，可得水泥稳定碎（砾）石(040202015001)的综合单价为35.30元/m^2；沥青混凝土(040203006001)的综合单价为68.72元/m^2。

例：项目背景同项目7的实训案例，试确定墙面脚手架(041101001001)的综合单价。综合单价分析见表8-11（所套用的定额项目来源于2015版《四川省建设工程工程量清单计价定额——市政工程》），详细的定额项目表见表8-12。

由表8-11可得墙面脚手架(041101001001)的综合单价为10.54元/m^2。当确定了单价措施项目的综合单价以后，将所得出的综合单价填入单价措施项目清

水泥稳定碎（砾）石清单项目综合单价分析表　　　　　　**表 8-5**

工程名称：××市政工程道路建设项目

项目编码		040202015001		项目名称		水泥稳定碎（砾）石		计量单位	m^2	工程量	5986.16
清单综合单价组成明细											
定额编号	定额项目名称	定额单位	数量	单价				合价			
				人工费	材料费	机械费	管理费和利润	人工费	材料费	机械费	管理费和利润
DB0102	水泥稳定碎石基层（水泥含量）5%	$100m^2$	0.01	424.76	2404.28	221.82	137.60	4.25	24.04	2.22	1.38
DB0103 换	水泥稳定碎石基层（水泥含量）5% 压实厚度（cm）每增减 1	$100m^2$	0.01	34.86	240.06	23.05	7.32	0.35	2.40	0.23	0.07
DB0112	顶层多合土养生 洒水车洒水	$100m^2$	0.01	7.65	6.70	17.71	4.57	0.08	0.07	0.18	0.05
人工单价		小计						4.68	26.51	2.63	1.50
元/工日		未计价材料费									
清单项目综合单价								35.30			
材料费明细	主要材料名称、规格、型号					单位	数量	单价（元）	合价（元）	暂估单价（元）	暂估合价（元）
	水泥 32.5					kg	24.56	0.36	8.84		
	碎石 5～40mm					m^3	0.1698	65.00	11.04		
	石屑					m^3	0.1254	50.00	6.27		
	水					m^3	0.108	3.35	0.36		
	其他材料费							—		—	
	材料费小计							—	26.51	—	

注：上述确定综合单价的过程中参照的计价定额为 2015 版《四川省建设工程工程量清单计价定额——市政工程》，材料单价参照《四川省工程造价信息》2015 年第 12 期确定。

水泥稳定碎石基层（DB0102、DB0103）　　**表 8-6**

工作内容：放线、上料、运料、拌合、摊铺、碾压。　　单位：100 m^2

定额编号				DB0100	DB0101	DB0102	DB0103
项目				水泥稳定碎石基层（水泥含量）			
				3%		5%	
				压实厚度（cm）			
				20	每增减 1	20	每增减 1
基价				2593.99	110.79	2966.84	129.64
其中	人工费（元）			424.76	17.43	424.76	17.43
	材料费（元）			1801.15	89.70	2174.00	108.55
	机械费（元）			230.48	—	230.48	
	综合费（元）			137.60	3.66	137.60	3.66
名称		单位	单价（元）	数量			
材料	水泥 32.5	kg	0.40	1248.000	61.000	2333.000	111.500
	碎石 5～40cm	m^3	45.00	15.910	0.800	15.440	0.770
	石屑	m^3	50.00	11.400	0.570	11.400	0.570
	水	m^3	2.00	8.000	0.400	8.000	0.400
机械	柴油	kg		(13.968)	—	(13.968)	—

顶层多合土养生 洒水车洒水（DB0112）　　**表 8-7**

工作内容：浇筑、抹面、压痕、养护、纵缝刷沥青等。　　单位：100m^2

定额编号				DB0112	DB0112
项目				顶层多合土养生	
				洒水车洒水	人工洒水
基价				32.64	43.00
其中	人工费（元）			7.65	32.00
	材料费（元）			4.00	4.92
	机械费（元）			16.42	—
	综合费（元）			4.57	6.08
名称		单位	单价（元）		
材料	水	m^3	2.00	2.000	2.000
	其他材料费	元		—	0.920
机械	汽油	kg		(1.198)	—

沥青混凝土清单项目综合单价分析表

表 8-8

工程名称：××市政工程道路建设项目

项目编码		040203006001		项目名称		沥青混凝土		计量单位	m^2	工程量	5767.32
清单综合单价组成明细											
定额编号	定额项目名称	定额单位	数量	单价				合价			
				人工费	材料费	机械费	管理费和利润	人工费	材料费	机械费	管理费和利润
DB0158	热沥青混合物运输 全程运距 ≤30km 运距 1000m	$10m^3$	0.006	23.80		118.48	25.23	0.14		0.71	0.15
DB0159 换	热沥青混合物运输 全程运距 ≤30km 每增运 1000m	$10m^3$	0.006	17.00		84.65	18.04	0.10		0.51	0.11
DB0141	沥青混凝土路面铺筑 机械	$100m^2$	0.01	224.35	25.77	256.25	103.34	2.24	0.26	2.56	1.03
人工单价		小计						2.48	0.26	3.78	1.29
元/工日		未计价材料费						60.90			
清单项目综合单价								68.72			
材料费明细	主要材料名称、规格、型号					单位	数量	单价（元）	合价（元）	暂估单价（元）	暂估合价（元）
	中粒式沥青混凝土 AC-20					m^3	0.0609	1000.00	60.90		
	其他材料费							—	0.26	—	
	材料费小计							—	61.16	—	

注：上述确定综合单价的过程中参照的计价定额为2015版《四川省建设工程工程量清单计价定额——市政工程》，材料价格参照《四川省工程造价信息》2015年第12期确定。

热沥青混合物运输（DB0158、DB0159）　　**表 8-9**

工作内容：接斗、装车、运输、自卸、空回。　　单位：10m³

定额编号				DB0156	DB0157	DB0158	DB0159
项目				热沥青混合物运输 全程运距			
				≤1000m		≤30km	
				运距≤200m	每增运100m	运距≤1000m	每增运1000m
基价				112.88	14.11	158.03	28.23
其中	人工费（元）			17.00	2.13	23.80	4.25
	材料费（元）			—	—	—	—
	机械费（元）			77.86	9.73	109.00	19.47
	综合费（元）			18.02	2.25	25.23	4.51
名称		单位	单价（元）	数量			
机械	汽油	kg		(6.268)	(0.784)	(8.775)	(1.567)

沥青混凝土路面铺筑（DB0141）　　**表 8-10**

工作内容：清扫路基，钉箱条或整修侧缘石，卸料，摊铺，接缝，找平，点补，火夯边角，跟碾刷油等。　　单位：100m²

定额编号				DB0139	DB0140	DB0141	DB0142
项目				沥青混凝土路面铺筑			
				人工		机械	
				压实厚度（cm）			
				6	每增减 1	6	每增减 1
基价				618.31	39.90	621.19	53.39
其中	人工费（元）			343.03	32.00	224.35	25.50
	材料费（元）			24.14	1.18	25.77	1.59
	机械费（元）			148.02	—	267.73	17.31
	综合费（元）			103.12	6.72	103.34	8.99
名称		单位	单价（元）	数量			
材料	沥青混合物	m³		(6.090)	(1.020)	(6.090)	(1.020)
	其他材料费	元		24.140	1.180	25.770	1.590
机械	柴油	kg		(12.818)	—	(18.524)	(1.487)

表 8-11

墙面脚手架清单综合单价分析表

工程名称：××市政工程道路建设项目　　　　第 1 页　共 1 页

项目编码		041101001001		项目名称		墙面脚手架		计量单位	m^2	工程量	2321.2
清单综合单价组成明细											
定额编号	定额项目名称	定额单位	数量	单价				合价			
				人工费	材料费	机械费	管理费和利润	人工费	材料费	机械费	管理费和利润
DL0003	单排脚手架 高度>4m	$100m^2$	0.01	375.75	589.64	26.21	61.96	3.76	5.90	0.26	0.62
人工单价		小计						3.76	5.90	0.26	0.62
元/工日		未计价材料费									
清单项目综合单价								10.54			
材料费明细	主要材料名称、规格、型号					单位	数量	单价（元）	合价（元）	暂估单价（元）	暂估合价（元）
	锯材　综合					m^3	0.0021	2000.00	4.20		
	脚手架钢材					kg	0.351	4.50	1.58		
	其他材料费							—	0.12	—	
	材料费小计							—	5.90	—	

注：上述确定综合单价的过程中参照的计价定额为 2015 版《四川省建设工程工程量清单计价定额——市政工程》，材料价格参照《四川省工程造价信息》2015 年第 12 期确定。

单排脚手架　　高度＞4m（DL0003）　　　　**表 8-12**

工作内容：清理场地、挖基脚、立杆、绑扎、扣牢斜道；上下翻铺板子、挂安全网、拆除、堆放、场内外材料运输。　　　单位：100m^2

定额编号				DL0002	DL0003
项目				单排脚手架	
				高度≤4m	高度＞4m
基价				795.65	883.36
其中	人工费（元）			343.95	375.75
	材料费（元）			370.66	421.64
	机械费（元）			24.01	24.01
	综合费（元）			57.03	61.96
名称		单位	单价（元）		
材料	锯材　综合	m^3	1200.00	0.220	0.210
	脚手架钢材	kg	4.50	20.190	35.110
	其他材料费	元		15.860	11.640
机械	汽油	kg		(2.038)	(2.038)

单计价表中，将综合单价与招标工程量相乘，得出单价措施项目工程费。

4. 实训成果

根据分部分项工程量清单和单价措施项目清单、常规施工组织设计等考虑应套用的定额项目，并计算定额工程量，见表 8-13。

定额工程量计算表　　　　**表 8-13**

工程名称：××市政工程管网　　　　第1页　共1页

定额编号	项目名称	单位	工程量	计算式	备注
DA0013	人工挖沟槽，深度≤4m	m^3	2094.00	[2.5+(2.5+0.99×2)]×3×0.5×200	工作面宽度=0.5m；放坡系数=0.33
DA0100	人工填土夯实槽、坑	m^3	1016.75	2094−(68+146.5+3.14×1.1×1.1/4)×5	
DA0128+4DA0129	机械装运土　余方弃置	m^3	1077.25	2094.00−1016.75	
DE0002	钢筋混凝土管道砂石基础　砂砾石	m^3	68.00	1.7×0.2×200	
DE0006	管道混凝土基础(C15)管径≤ϕ1000(mm)商品混凝土	m^3	146.50	(1.50×0.75−3.14/8)×200	

续表

定额编号	项目名称	单位	工程量	计算式	备注
DE0017	混凝土排水管道铺设 管径(mm)1000	m	200	200	
DE1251	非定型井垫层 砂砾石	m³	1.72	2.24×1.94×0.1×4	
DE1314	C15 商品混凝土井底	m³	4.36	2.24×1.94×0.25×4	
DE1271	M7.5 砂浆(中砂)砖砌井身	m³	12.08	[(1.67+1.37)×2×0.37×1.6−3.14/4×0.37×2]×4	
DE1298	非定型井钢筋混凝土整体人孔板安装 中砂	m³	0.88	(1.84×1.37×0.1−3.14×0.63×0.63/4×0.1)×4	
DE1271	M7.5 砂浆(中砂)砖砌井筒	m³	2.64	[(3.14×1.11×1.11−3.14×0.63×0.63)/4×1]×4	根据纵断面高程数据，井筒高度=1.0m
DE1306	非定型井金属配件 高分子井盖井座安装(ϕ700) 中砂	套	4	4	
DE1304	非定型井金属配件制作 塑钢踏步	个	36	(2.7/0.3)×4	塑钢踏步个数按间距 30cm 计算
DE1286	水泥砂浆抹面(1∶2水泥砂浆)中砂	m²	84.60	[3.14×0.63×1+3.14×1.11×1+2.3×2×1.6+(2.01+1.74)×2×1.6−3.14×1.2]×4	式中 1.2 为弧形截面增加系数
DL0001	简易脚手架	m²	27.17	(2.24+1.94)×2×3.25	
DL0012	管道基础 钢模板	m²	301.30	0.75×2×200+(1.5×0.75−0.5×3.14×1.1×1.1×0.25)×2	

上述各清单项目的综合单价分析表详见表 8-14～表 8-20，其中，表 8-14～表 8-18 为分部分项工程量清单综合单价分析表。下面举两个例子说明其具体计算过程。

分部分项工程量清单综合单价分析表

表 8-14

工程名称：××市政管网工程　　　　第 1 页　共 5 页

项目编码		040101002001		项目名称			挖沟槽土方		计量单位	m³	工程量	2094.00
清单综合单价组成明细												
定额编号	定额项目名称	定额单位	数量	单价					合价			
				定额人工费	人工费	材料费	机械费	管理费和利润	人工费	材料费	机械费	管理费和利润
DA0013	人工挖沟槽土方 深度≤4m	100m³	0.01	1884.00	2336.16			207.24	23.36			2.07
小计									23.36			2.07
清单项目综合单价									25.43			

注：1. 根据 2015 版《四川省建设工程工程量清单计价定额——市政工程》的相关说明计算；
2. 人工费上调系数为 21.02%；
3. 材料单价参照《四川省工程造价信息》2015 年第 12 期确定。

分部分项工程量清单综合单价分析表

表 8-15

工程名称：××市政管网工程　　　　第 2 页　共 5 页

项目编码		040103001001		项目名称			土方回填		计量单位	m³	工程量	1016.75
清单综合单价组成明细												
定额编号	定额项目名称	定额单位	数量	单价					合价			
				定额人工费	人工费	材料费	机械费	管理费和利润	人工费	材料费	机械费	管理费和利润
DA0100	人工填土夯实　槽	100m³	0.01	672.00	833.28	4.02	148.51	90.26	8.33	0.04	1.49	0.90
小计									8.33	0.04	1.49	0.90
清单项目综合单价									10.76			
材料费明细	主要材料名称、规格、型号						单位	数量	单价（元）	合价（元）	暂估单价（元）	暂估合价（元）
	水						m³	0.012	3.35	0.04		
	其他材料费								—		—	
	材料费小计								—	0.04	—	

注：1. 根据 2015 版《四川省建设工程工程量清单计价定额——市政工程》计算；
2. 人工费上调系数为 21.02%；
3. 材料单价参照《四川省工程造价信息》2015 年第 12 期确定。

分部分项工程量清单综合单价分析表

表 8-16

工程名称：××市政管网工程　　　　第 3 页　共 5 页

项目编码		040103002001		项目名称			余方弃置		计量单位	m^3	工程量	1077.25
清单综合单价组成明细												
定额编号	定额项目名称	定额单位	数量	单价					合价			
				定额人工费	人工费	材料费	机械费	管理费和利润	人工费	材料费	机械费	管理费和利润
DA0128	机械装运土 运距≤1000m	$1000m^3$	0.001	1259.55	1561.84	36.18	3664.86	613.37	1.56	0.04	3.66	0.61
DA0129 换	机械装运土 每增运 1000m	$1000m^3$	0.001	800.36	992.45		2434.70	401.28	0.99		2.43	0.40
小计									2.55	0.04	6.09	1.01
清单项目综合单价									9.70			
材料费明细	主要材料名称、规格、型号						单位	数量	单价（元）	合价（元）	暂估单价（元）	暂估合价（元）
	水						m^3	0.011	3.35	0.04		
	其他材料费								—		—	
	材料费小计								—	0.04	—	

注：1. 根据 2015 版《四川省建设工程工程量清单计价定额——市政工程》计算；

2. 人工费上调系数为 21.02%；

3. 材料单价参照《四川省工程造价信息》2015 年第 12 期确定。

分部分项工程量清单综合单价分析表

表 8-17

工程名称：××市政管网工程　　　　第 4 页　共 5 页

项目编码		040501001001		项目名称			混凝土管		计量单位	m	工程量	200
清单综合单价组成明细												
定额编号	定额项目名称	定额单位	数量	单价					合价			
				定额人工费	人工费	材料费	机械费	管理费和利润	人工费	材料费	机械费	管理费和利润
DE0002	钢筋混凝土管　砂砾石基础	$10m^3$	0.034	348.06	431.59	766.94	18.05	76.88	14.67	26.08	0.61	2.61
DE0006	管道混凝土基础　商品混凝土 C15	$10m^3$	0.07325	470.25	583.11	2998.85	17.26	102.38	42.71	219.67	1.26	7.50
DE0017	管道铺设　管径 1000mm	100m	0.01	2788.60	3457.86	44950.01	1003.25	825.25	34.58	449.50	10.03	8.25
		小计							91.96	695.25	11.90	18.36
清单项目综合单价									817.48			
材料费明细	主要材料名称、规格、型号						单位	数量	单价（元）	合价（元）	暂估单价（元）	暂估合价（元）
	连砂石						m^3	0.4206	62.00	26.08		
	商品混凝土 C15						m^3	0.73983	295	218.25		
	水						m^3	0.256	3.35	0.86		
	钢筋混凝土管 ϕ1000						m	1.01	445.00	449.45		
	其他材料费								—	0.6	—	
	材料费小计								—	695.24	—	

注：1. 根据 2015 版《四川省建设工程工程量清单计价定额——市政工程》计算；

2. 人工费上调系数为 21.02%；

3. 材料单价参照《四川省工程造价信息》2015 年第 12 期确定。

表 8-18

分部分项工程量清单综合单价分析表

工程名称：××市政管网工程　　　　第 5 页　共 5 页

项目编码		040504001001		项目名称			砌筑检查井		计量单位	座	工程量	4
清单综合单价组成明细												
定额编号	定额项目名称	定额单位	数量	单价					合价			
				定额人工费	人工费	材料费	机械费	管理费和利润	人工费	材料费	机械费	管理费和利润
DE1251	非定型井垫层　砂砾石	$10m^3$	0.043	186.41	231.15	766.94	41.93	47.95	9.94	32.98	1.80	2.06
DE1314 换	现浇 C15 商品混凝土　井底	$10m^3$	0.109	308.93	383.07	2981.65	11.21	78.43	41.75	325.00	1.22	8.55
DE1271	M7.5 水泥砂浆（中砂）砌筑井身	$10m^3$	0.302	1360.50	1687.02	2903.21	20.80	290.74	509.48	876.77	6.28	87.80
DE1298	人孔板　安装	$10m^3$	0.022	655.60	812.94	5801.33	186.32	180.90	17.88	127.63	4.10	3.98
DE1271	M7.5 水泥砂浆（中砂）砌筑井筒	$10m^3$	0.066	1360.50	1687.02	2903.21	20.80	290.74	111.34	191.61	1.37	19.19
DE1306	高分子井盖井座　安装	10 套	0.1	239.67	297.19	3382.42		50.33	29.72	338.24		5.03
DE1304 换	塑钢踏步	10 个	0.9			100.00				90.00		
DE1286	1∶2 水泥砂浆抹面	$100m^2$	0.2115	980.30	1215.57	617.50	17.24	209.92	257.09	130.60	3.65	44.40
		小计							977.20	2112.83	18.42	171.01
清单项目综合单价								3279.48				

续表

	主要材料名称、规格、型号	单位	数量	单价（元）	合价（元）	暂估单价（元）	暂估合价（元）
材料费明细	连砂石	m^3	0.532	62.00	32.98		
	商品混凝土 C15	m^3	1.09545	295.00	323.16		
	水	m^3	3.737	3.35	12.52		
	标准砖	千匹	2.013	450.00	905.85		
	水泥砂浆（中砂）M7.5	m^3	0.84272	181.80	153.21		
	水泥 32.5	kg	(503.97)	0.30	(151.19)		
	中砂	m^3	(1.4764)	95.00	(140.26)		
	钢筋混凝土整体人孔板	m^3	0.2222	560.00	124.43		
	水泥砂浆（中砂）1∶2	m^3	0.49584	278.80	138.24		
	球磨铸铁井盖井座 ϕ700	套	1	330.00	330.00		
	塑钢踏步	个	9	10.00	90.00		
	其他材料费			—	2.44	—	
	材料费小计			—	2112.83	—	

注：1. 根据2015版《四川省建设工程工程量清单计价定额——市政工程》计算；
2. 人工费上调系数为21.02%；
3. 材料单价参照《四川省工程造价信息》2015年第12期确定。

(1) 以项目编码为“040103001001”的土方回填项目为例，其计算过程如下：

数量＝定额工程量/(清单工程量×定额单位)＝1016.75/(1016.75×100.00)＝0.01

单价中的人工费＝定额人工费×(1＋人工费上调系数)＝672.00×(1＋21.02%)＝833.28 元/100 m^3

(该人工费上调系数参照四川省建设工程造价管理总站发布的同期人工费调整标准确定)

单价中的材料费＝∑(各种材料的消耗量×各种材料的单价)＝1.20×3.35＝4.02 元/100 m^3

(水的材料单价参照《四川省工程造价信息》2015 年第 12 期确定)

单价中的机械费和综合费不变。

合价中的人工费＝数量×单价中的人工费＝0.01×833.28＝8.33 元/ m^3

合价中的材料费＝数量×单价中的材料费＝0.01×4.02＝0.04 元/ m^3

合价中的机械费＝数量×单价中的机械费＝0.01×148.51＝1.49 元/ m^3

合价中的综合费＝数量×单价中的综合费＝0.01×90.26＝0.90 元/ m^3

土方回填项目的综合单价＝人工费＋材料费＋机械费＋综合费＝10.76 元/m^3

(2) 以项目编码为“040501001001”的混凝土管项目为例，其计算过程如下：

1)定额 DE0002：

数量＝定额工程量/(清单工程量×定额单位)＝68.00/(200×10.00)＝0.034

单价中的人工费＝定额人工费×(1＋人工费上调系数)＝348.06×(1＋21.02%)＝431.59 元/10 m^3

(该人工费上调系数参照四川省建设工程造价管理总站发布的同期人工费调整标准确定)

单价中的材料费＝∑(各种材料的消耗量×各种材料的单价)＝12.37×62.00＝766.94 元/10m^3

(水的材料单价参照《四川省工程造价信息》2015 年第 12 期确定)

单价中的机械费和综合费不变。

合价中的人工费＝数量×单价中的人工费＝0.034×431.59＝14.67 元/m

合价中的材料费＝数量×单价中的材料费＝0.034×766.94＝26.08 元/m

合价中的机械费＝数量×单价中的机械费＝0.034×18.05＝0.61 元/m

合价中的综合费＝数量×单价中的综合费＝0.034×76.88＝2.61 元/m

定额编号 DE0002 的综合单价＝人工费＋材料费＋机械费＋综合费

＝14.67＋26.08＋0.61＋2.61＝43.97 元/m

2)定额编号 DE0006：

数量＝定额工程量/(清单工程量×定额单位)＝146.50/(200×10.00)＝0.07325

单价中的人工费＝定额人工费×(1＋人工费上调系数)＝470.25×(1＋21.02%)＝583.11 元/10 m^3

(该人工费上调系数参照四川省建设工程造价管理总站发布的同期人工费调

整标准确定）

单价中的材料费＝∑（各种材料的消耗量×各种材料的单价）

＝10.10×295.00＋3.50×3.35＋7.62＝2998.85 元/10 m^3

（商品混凝土 C15 和水的材料单价参照《四川省工程造价信息》2015 年第 12 期确定）

单价中的机械费和单价中综合费不变。

合价中的人工费＝数量×单价中的人工费＝0.07325×583.11＝42.71 元/m

合价中的材料费＝数量×单价中的材料费＝0.07325×2998.85＝219.67 元/m

合价中的机械费＝数量×单价中的机械费＝0.07325×17.26＝1.26 元/m

合价中的综合费＝数量×单价中的综合费＝0.07325×102.38＝7.50 元/m

定额编号 DE0006 的综合单价＝人工费＋材料费＋机械费＋综合费

＝42.71＋219.67＋1.26＋7.50＝271.14 元/m

3)定额编号 DE0017：

数量＝定额工程量/（清单工程量×定额单位）＝200/（200×100.00）＝0.01

单价中的人工费＝定额人工费×（1＋人工费上调系数）＝2788.60×（1＋21.02%）＝3457.86 元/100m

（该人工费上调系数参照四川省建设工程造价管理总站发布的同期人工费调整标准确定）

单价中的材料费＝∑（各种材料的消耗量×各种材料的单价）

＝101.00×445.00＋5.01＝44950.01 元/100m

（钢筋混凝土管 Φ1000 的材料单价参照《四川省工程造价信息》2015 年第 12 期确定）

单价中的机械费＝原机械费＋柴油的消耗量×（当期价格－定额原始价格）

＝1141.18＋67.948×（6.47－8.50）＝1003.25 元/100m

（柴油的材料单价参照《四川省工程造价信息》2015 年第 12 期确定）

单价中综合费不变。

合价中的人工费＝数量×单价中的人工费＝0.01×3457.86＝34.58 元/m

合价中的材料费＝数量×单价中的材料费＝0.01×44950.01＝449.50 元/m

合价中的机械费＝数量×单价中的机械费＝0.01×1003.25＝10.03 元/m

合价中的综合费＝数量×单价中的综合费＝0.01×825.25＝8.25 元/m

定额 DE0006 的综合单价＝人工费＋材料费＋机械费＋综合费

＝34.58＋449.50＋10.03＋8.25＝502.36 元/m

则：

混凝土管项目的综合单价＝43.97＋271.14＋502.36＝817.48 元/m

表 8-19、表 8-20 为单价措施项目的综合单价分析表，计算思路同上。

单价措施项目综合单价分析表

表 8-19

工程名称：××市政管网工程　　　　第1页　共2页

项目编码		041101001001		项目名称		墙面脚手架		计量单位	m^2	工程量	27.17
清单综合单价组成明细											
定额编号	定额项目名称	定额单位	数量	单价				合价			
				人工费	材料费	机械费	管理费和利润	人工费	材料费	机械费	管理费和利润
DL0001 换	简易脚手架	$100m^2$	0.01	55.28	115.26	3.91	9.27	0.55	1.15	0.04	0.09
小计								0.55	1.15	0.04	0.09
清单项目综合单价								1.84			
材料费明细	主要材料名称、规格、型号					单位	数量	单价（元）	合价（元）	暂估单价（元）	暂估合价（元）
	锯材 综合					m^3	0.00035	2300	0.81		
	脚手架钢材					kg	0.074	4.50	0.33		
	其他材料费							—	0.01	—	
	材料费小计							—	1.15	—	

注：1. 根据2015版《四川省建设工程工程量清单计价定额——市政工程》计算；
2. 材料单价参照《四川省工程造价信息》2015年第12期确定。

单价措施项目综合单价分析表

表 8-20

工程名称：××市政管网工程　　　　第 2 页　共 2 页

项目编码		041102001001		项目名称		检查井基础模板		计量单位	m^2	工程量	301.30
清单综合单价组成明细											
定额编号	定额项目名称	定额单位	数量	单价				合价			
				人工费	材料费	机械费	管理费和利润	人工费	材料费	机械费	管理费和利润
DL0012	混凝土基础 检查井 钢模板	$10m^2$	0.1	165.35	146.42	3.20	26.23	16.54	14.64	0.32	2.62
		小计						16.54	14.64	0.32	2.62
清单项目综合单价								34.12			
材料费明细	主要材料名称、规格、型号					单位	数量	单价（元）	合价（元）	暂估单价（元）	暂估合价（元）
	锯材　综合					m^3	0.005	2300	11.50		
	组合钢模板　包括附件					kg	0.567	4.50	2.55		
	摊销卡具和支撑钢材					kg	0.022	4.50	0.10		
	其他材料费							—	0.49	—	
	材料费小计							—	14.64	—	

注：1. 根据 2015 版《四川省建设工程工程量清单计价定额——市政工程》计算；

2. 材料单价参照《四川省工程造价信息》2015 年第 12 期确定。

任务3　编制分部分项工程量清单与计价表和单价措施项目清单与计价表

1. 实训目的

（1）能根据施工图纸和清单计价、工程量计算规范，结合项目实际情况科学合理地编制分部分项工程量清单与计价表；

（2）能根据施工图纸和清单计价、工程量计算规范，结合项目实际情况科学合理地编制单价措施项目清单与计价表。

2. 实训内容

（1）编制分部分项工程量清单与计价表

根据设计施工图纸，编制要求和招标文件相关规定，参照《建设工程工程量清单计价规范》GB 50500—2013、《市政工程工程量计算规范》GB 50857—2013，并结合工程项目的实际情况编制分部分项工程量清单与计价表。

（2）编制单价措施项目清单与计价表

根据设计施工图纸，编制要求和招标文件相关规定，参照《建设工程工程量清单计价规范》GB 50500—2013、《市政工程工程量计算规范》GB 50857—2013，并结合工程项目的实际情况编制单价措施项目清单与计价表。

3. 实训步骤与指导

当确定了分部分项工程项目的综合单价以后，将所得出的综合单价填入分部分项工程量清单计价表中，将综合单价与招标工程量相乘，得出分部分项工程费。

措施项目费由两部分费用构成，即总价措施项目费和单价措施项目费。单价措施项目可以准确计量，以“量”计算的单价措施项目也应先确定综合单价，确定综合单价的方式与确定分部分项工程项目的综合单价类似，具体步骤如下：

（1）依据提供的招标工程量清单和施工图纸，结合工程项目自身实际情况，按照工程所在地区颁发的计价定额，确定所组价的定额项目名称，并计算出相应的定额工程量；

（2）依据工程造价政策或工程造价信息确定人工、材料、机械台班单价，按规定程序计算所组价定额项目的合价；

（3）将若干项所组价的定额项目合价与可能涉及的未计价材料费相加除以工程量清单项目工程量，便得到单价措施清单项目综合单价。

当确定了单价措施项目的综合单价以后，将所得出的综合单价填入单价措施项目清单计价表中，将综合单价与招标工程量相乘，得出单价措施项目工程费。

4. 实训成果

（1）编制分部分项工程量清单与计价表

分部分项工程量清单与计价表详见表8-21。

表格中的定额人工费的具体计算过程如下：

定额人工费＝数量×单价中定额人工费×清单工程量

挖沟槽土方项目的定额人工费＝0.01×2094.00×1884.00＝39450.96元

土方回填项目的定额人工费＝0.01×1016.75×672.00＝6832.56元

余方弃置项目的定额人工费＝0.001×1077.25×(1259.55＋800.36)＝2219.04元

混凝土管项目的定额人工费＝(0.034×348.06＋0.07325×470.25＋0.01×2788.60)×200＝14833.17元

砌筑检查井项目的定额人工费＝(0.043×186.41＋0.109×308.93＋0.302×1360.50＋0.022×655.60＋0.066×1360.50＋0.1×239.67＋0.2115×980.30)×4
＝3152.31元

分部分项工程清单与计价表　　表8-21

工程名称：××市政管网工程　　第1页　共1页

序号	项目编码	项目名称	项目特征	计量单位	工程量	金额(元)		
						综合单价	合价	定额人工费
1	040101002001	挖沟槽土方	1. 土壤类别：Ⅲ类 2. 挖土深度：4m以内	m^3	2094.00	25.43	53250.42	39450.96
2	040103001001	土方回填	1. 密实度要求：应满足相应设计及施工规范要求 2. 填方材料品种：工程性质良好的土 3. 填方粒径要求：应满足相应设计及施工规范要求 4. 填方来源：开挖基槽土	m^3	1016.75	10.76	10940.23	6832.56
3	040103002001	余方弃置	1. 废弃料品种：回填利用后剩余土 2. 运距：由投标人根据实际情况自行考虑	m^3	1077.25	9.70	10449.33	2219.04
4	040501001001	混凝土管	1. 垫层材质及厚度：200mm厚连砂石 2. 管座材质：180°管座，C15混凝土 3. 规格：*DN*1000成品钢筋混凝土管(Ⅱ级)，管材价格包含运输、接缝等费用 4. 铺设深度：4m以内	m	200.00	817.48	163496.00	14833.17

续表

序号	项目编码	项目名称	项目特征	计量单位	工程量	金额（元）		
						综合单价	合价	定额人工费
5	040504001001	砌筑检查井	1. 垫层材质及厚度：100mm厚碎石基础 2. 基础材质及厚度：250mm厚C15混凝土 3. 砌筑材料品种、规格、强度等级：M7.5水泥砂浆(中砂)砌筑井身和井筒 4. 勾缝、抹面要求：15mm厚1：2水泥砂浆内外抹灰 5. 盖板材质、规格：成品钢筋混凝土整体人孔板 6. 踏步材质、规格：成品塑钢踏步 7. 井盖、井圈材质、规格：成品高分子井盖、井圈	座	4	3279.48	13117.92	3152.31
合　计							251253.90	66488.04

(2) 编制单价措施项目清单与计价表

单价措施项目清单与计价表见表8-22。

墙面脚手架项目定额人工费＝0.01×55.28×27.17＝15.02元

检查井基础模板项目定额人工费＝0.1×165.35×301.30＝4982.00元

单价措施项目清单与计价表　　　　表8-22

序号	项目编码	项目名称	项目特征	计量单位	工程量	金额（元）		
						综合单价	合价	定额人工费
1	041101001001	检查井脚手架	1. 高度：4m以内	m^2	27.17	1.84	49.99	15.02
2	041102002001	混凝土基础模板	1. 构件类型：管道180°混凝土管座	m^2	301.30	34.12	10280.36	4982.00
合　计							10330.35	4997.02

任务4 编制总价措施项目清单与计价表和其他项目清单与计价表

1. 实训目的

(1) 能根据施工图纸和清单计价、工程量计算规范，结合项目实际情况科学合理地编制总价措施项目清单与计价表；

(2) 能根据施工图纸和清单计价、工程量计算规范，结合项目实际情况科学合理地编制其他项目清单与计价表。

2. 实训内容

(1) 编制总价措施项目清单与计价表

根据设计施工图纸，编制要求和招标文件相关规定，参照《建设工程工程量清单计价规范》GB 50500—2013、《市政工程工程量计算规范》GB 50857—2013，并结合工程项目的实际情况编制总价措施项目清单与计价表。

(2) 编制其他项目清单与计价表

根据设计施工图纸，编制要求和招标文件相关规定，参照《建设工程工程量清单计价规范》GB 50500—2013、《市政工程工程量计算规范》GB 50857—2013，并结合工程项目的实际情况编制其他项目清单与计价表。

3. 实训步骤与指导

总价措施项目费可以采取直接给定总价的形式，也可以采取相关计费基础乘费率的形式。

其他项目费由暂列金额、暂估价、计日工费用和总承包服务费四部分组成。确定其他项目费是在编制招标工程量清单的基础上，为已确定项目名称的子目确定费用。相关的一些概念在前面已经提到，这里主要叙述确定费用过程中的一些注意事项。

(1) 暂列金额

各地区都有关于确定暂列金额的具体规定，一般是按分部分项工程费的10%～15%为参考取值。实际工程的具体值应视工程项目的复杂程度、设计深度、工程环境条件而定。即工程规模大，总价高，未知的因素越多，可以考虑取大值；工程规模小，总价低，可以考虑取小值。

(2) 暂估价

暂估价中的材料单价应按照工程造价管理机构发布的工程造价信息中的材料单价计算，工程造价信息未发布的材料单价，其单价参考市场价格估算；暂估价中的专业工程暂估价应分不同专业，按有关计价规定估算。

(3) 计日工

计日工中的人工单价和施工机械台班单价应按省级、行业建设主管部门或其授权的工程造价管理机构公布的单价计算；材料应按工程造价管理机构发布的工程造价信息中的材料单价计算，工程造价信息未发布单价的材料，其价格应按市场调查确定的单价计算。

（4）总承包服务费

总承包服务费在计算时可参考以下标准：

1）招标人仅要求对分包的专业工程进行总承包管理和协调时，按分包的专业工程估算造价的1.5%计算；

2）招标人要求对分包的专业工程进行总承包管理和协调，并同时要求提供配合服务时，根据招标文件中列出的配合服务内容和提出的要求，按分包的专业工程估算造价的3%～5%计算；

3）招标人自行供应材料的，按招标人供应材料价值的1%计算。

4. 实训成果

总价措施项目清单计价表见表8-23。

各总价措施项目费的计算基础＝分部分项定额人工费＋单价措施项目定额人工费

＝66488.04＋4997.02

＝71485.06元

总价措施项目费　　　　**表8-23**

序号	项目名称	计算基础	计算基础数值	费率（%）	金额（元）
1	安全文明施工				11409.02
1.1	环境保护费	分部分项定额人工费＋单价措施项目定额人工费	71485.06	0.4	285.94
1.2	文明施工费	分部分项定额人工费＋单价措施项目定额人工费	71485.06	3.48	2487.68
1.3	安全施工费	分部分项定额人工费＋单价措施项目定额人工费	71485.06	5.26	3760.11
1.4	临时设施费	分部分项定额人工费＋单价措施项目定额人工费	71485.06	6.82	4875.28
2	夜间施工费	分部分项定额人工费＋单价措施项目定额人工费	71485.06	0.8	571.88
3	二次搬运费	分部分项定额人工费＋单价措施项目定额人工费	71485.06	0.4	285.94
4	冬雨期施工增加费	分部分项定额人工费＋单价措施项目定额人工费	71485.06	0.6	428.91
合　计					12695.74

本例的其他项目费中，仅考虑暂列金额一项的费用，其余费用暂不作考虑。其他项目清单计价表见表8-24。暂列金额明细表见表8-25。

其他项目清单计价表　　　　**表8-24**

序号	项 目 名 称	金额（元）	备注
1	暂列金额	25125.39	明细详见表8-25
2	暂估价		
2.1	材料（工程设备）暂估价		
2.2	专业工程暂估价		
3	计日工		
4	总承包服务费		
合　计		25125.39	—

暂列金额明细表 **表 8-25**

序号	项目名称	计算基础	费率	金额
1	暂列金额	分部分项工程费合价	10%	25125.39
合 计				25125.39

任务5 编制规费项目清单与计价表和税金项目清单与计价表

1. 实训目的

(1) 能根据清单计价、工程量计算规范，结合项目实际情况科学合理地编制规费项目清单与计价表；

(2) 能根据清单计价、工程量计算规范，结合项目实际情况科学合理地编制税金项目清单与计价表。

2. 实训内容

(1) 编制规费项目清单与计价表

根据设计施工图纸，编制要求和招标文件相关规定，参照《建设工程工程量清单计价规范》GB 50500—2013、《市政工程工程量计算规范》GB 50857—2013，并结合工程项目的实际情况编制规费项目清单与计价表。

(2) 编制税金项目清单

根据设计施工图纸，编制要求和招标文件相关规定，参照《建设工程工程量清单计价规范》GB 50500—2013、《市政工程工程量计算规范》GB 50857—2013，并结合工程项目的实际情况编制税金项目清单与计价表。

3. 实训步骤与指导

规费和税金必须按国家或省级、行业建设主管部门的规定计算。

地方政府会明确规费计算相应的计算基数和计算费率，各工程项目按规定执行即可。例如：2015版《四川省建设工程工程量清单计价定额》中，在建筑安装工程费用的费用计算内容中明确规定："编制招标控制价（最高投标限价、标底）时，规费标准有幅度的，按上限计列。"

税金是按照国家层面的税法计算原则来统一计算的。在一个相对较长的时间内，税金的计算具有权威性和稳定性。例如：现阶段我国建筑行业的工程项目税金均实行增值税的计算模式。

4. 实训成果

根据"四川省住房和城乡建设厅关于印发《建筑业营业税改征增值税四川省建设工程计价依据调整办法》的通知（川建造价发〔2016〕349号）"的相关规定，将表8-21分部分项工程清单与计价表和表8-22单价措施项目清单与计价表进行调整，调整内容包含上述两表中的"综合单价"和"合价"。调整后的分部分项工程项目清单与计价表详见表8-26，调整后的单价措施项目清单与计价表详见表8-27。

调整后的分部分项工程清单与计价表 **表 8-26**

工程名称：××市政管网工程 第1页 共1页

序号	项目编码	项目名称	项目特征	计量单位	工程量	金额（元）		
						综合单价	合价	定额人工费
1	040101002001	挖沟槽土方	1. 土壤类别：Ⅲ类 2. 挖土深度：4m以内	m^3	2094.00	25.54	53480.76	39450.96
2	040103001001	土方回填	1. 密实度要求：应满足相应设计及施工规范要求 2. 填方材料品种：工程性质良好的土 3. 填方粒径要求：应满足相应设计及施工规范要求 4. 填方来源：开挖基槽土	m^3	1016.75	10.70	10879.23	6832.56
3	040103002001	余方弃置	1. 废弃料品种：回填利用后剩余土 2. 运距：由投标人根据实际情况自行考虑	m^3	1077.25	9.30	10018.43	2219.04
4	040501001001	混凝土管	1. 垫层材质及厚度：200mm厚连砂石 2. 管座材质：180°管座，C15混凝土 3. 规格：*DN*1000成品钢筋混凝土管（Ⅱ级），管材价格包含运输、接缝等费用 4. 铺设深度：4m以内	m	200.00	817.53	163506.00	14833.17
5	040504001001	砌筑检查井	1. 垫层材质及厚度：100mm厚碎石基础 2. 基础材质及厚度：250mm厚C15混凝土 3. 砌筑材料品种、规格、强度等级：M7.5水泥砂浆（中砂）砌筑井身和井筒 4. 勾缝、抹面要求：15mm厚1：2水泥砂浆内外抹灰 5. 盖板材质、规格：成品钢筋混凝土整体人孔板 6. 踏步材质、规格：成品塑钢踏步 7. 井盖、井圈材质、规格：成品高分子井盖、井圈	座	4	3286.68	13146.72	3152.31
合 计							251031.13	66488.04

调整后的单价措施项目清单与计价表　　表 8-27

序号	项目编码	项目名称	项目特征	计量单位	工程量	金额（元）		
						综合单价	合价	定额人工费
1	041101001001	检查井脚手架	1. 高度：4m 以内	m^2	27.17	1.83	49.72	15.02
2	041102002001	混凝土基础模板	1. 构件类型：管道 180°混凝土管座	m^2	301.30	34.23	10313.50	4982.00
合　计							10363.22	4997.02

规费、税金项目清单计价表详见表 8-28。本案例规费的计算费率按照 2015 版《四川省建设工程工程量清单计价定额》的费用计算办法中给定的规费计算费率的上限记取。税率按建筑行业增值税的计算税率 10%计算。

规费、税金清单项目计价表　　表 8-28

序号	项目名称	计算基础	计算费率（%）	金额（元）
1	规费			10722.76
1.1	社会保险费			8363.75
(1)	养老保险费	分部分项定额人工费＋措施项目定额人工费	7.5	5361.38
(2)	失业保险费	分部分项定额人工费＋措施项目定额人工费	0.6	428.91
(3)	医疗保险费	分部分项定额人工费＋措施项目定额人工费	2.7	1930.10
(4)	工伤保险费	分部分项定额人工费＋措施项目定额人工费	0.7	500.40
(5)	生育保险费	分部分项定额人工费＋措施项目定额人工费	0.2	142.97
1.2	住房公积金	分部分项定额人工费＋措施项目定额人工费	3.3	2359.01
1.3	工程排污费	按工程所在地环境保护部门收取标准，按实计入		
2	税金	分部分项工程费＋措施项目工程费＋其他项目费＋规费	10	30991.60

招标控制价计价汇总表详见表 8-29，工程的主要材料数量汇总表详见表 8-30。

招标控制价计价汇总表　　表 8-29

序号	内　容	金额（元）
1	分部分项工程费	251031.13
2	措施项目费	23058.96
2.1	总价措施项目费	12695.74
	其中：安全文明施工费	11409.02
2.2	单价措施项目费	10363.22

续表

序号	内 容	金额（元）
3	调整后的其他项目费	25103.11
	其中：暂列金额	25103.11
4	规费	10722.76
5	税金	30991.60
招标控制价合计=1+2+3+4+5		340907.56

主要材料数量汇总表 **表8-30**

序号	名称、规格、型号	单位	数量
1	柴油（机械）	kg	707.689
2	汽油（机械）	kg	9.258
3	水	m^3	91.114
4	连砂石	m^3	86.244
5	商品混凝土 C15	m^3	152.347
6	钢筋混凝土管 ϕ1000	m	202.00
7	标准砖	m^3	8.052
8	水泥 32.5	kg	2279.855
9	中砂	m^3	6.341
10	砾石 5～40mm	m^3	0.782
11	钢筋混凝土整体人孔板	m^3	0.889
12	球墨铸铁井盖井座 ϕ700	套	4
13	塑钢踏步	个	36
14	锯材 综合	m^3	1.517
15	脚手架钢材	kg	2.014
16	组合钢模板 包括附件	kg	170.837
17	摊销卡具和支撑钢材	kg	6.629

任务6 编制市政工程招标控制价总说明

1. 实训目的

能根据工程背景资料，结合编制清单控制价主体内容时的体验，编制市政工程招标控制价的总说明；要求语言精练，逻辑清晰。

2. 实训内容

根据编制过程中积累的经验，结合案例工程的示范，编制市政工程招标控制价的总说明。

3. 实训步骤与指导

招标控制价说明除了包含工程概况、编制依据等常规内容外，还会增加相关确定价格的参考依据，例如：关于人工费的上调系数；关于规费中五险一金的取费费率；关于税金的综合税率。

4. 实训成果

下面根据案例工程，给出总说明的示范，见表8-31。

招标控制价总说明　　　　**表8-31**

1. 工程概况

本工程系××市政工程管网建设项目，该建设项目共包括200m长的污水排水管道和4座砖砌检查井。该管网位于××（管网地理位置），工程计划工期为60日历天；施工现场实际情况、自然地理条件、环境保护要求见《××市政工程管网建设项目地勘报告》。

2. 工程招标和分包范围

本工程按施工图纸范围招标。工程项目均采用施工总承包。

3. 招标控制价编制依据

（1）《建设工程工程量清单计价规范》GB 50500—2013

（2）××设计研究院设计的《××市政工程管网建设项目施工图》

（3）2015版《四川省建设工程工程量清单计价定额》

4. 工程、材料、施工等的特殊要求

（1）工程施工组织及管理满足《给水排水管道工程施工及验收规范》GB 50268—2008

（2）工程质量满足《给水排水管道工程施工及验收规范》GB 50268—2008

5. 其他需要说明的问题

（1）本工程人工费价格按2015版《四川省建设工程工程量清单计价定额》的定额人工费取定。

（2）材料价格参照《四川省工程造价信息》2015年第12期确定。

（3）规费的计算费率按照2015版《四川省建设工程工程量清单计价定额》的费用计算办法中给定的规费计算费率的上限记取。

（4）税率按建筑行业增值税的计算税率10%计算。

任务7　填写封面及装订

1. 实训目的

（1）能口述市政工程招标控制价封面上各栏目的具体含义；

（2）能根据工程实际情况填写工程招标控制价封面；

（3）能对市政工程招标控制价在编制过程中所产生的成果文件进行整理和装订；

（4）能对市政工程招标控制价在编制过程所产生的底稿文件进行整理和存档。

2. 实训内容

（1）根据设计施工图纸，编制要求和招标文件相关规定，结合工程实际填写市政工程招标控制价封面；

（2）根据编制要求、招标文件相关规定和《建设工程工程量清单计价规范》GB 50500—2013，对编制过程中的所有成果文件进行整理和装订；

（3）以积累资料，丰富经验为目的，对编制过程中产生的底稿文件进行整理和存档。

3. 实训步骤与指导

完整的招标控制价封面应包括工程名称、招标人、造价咨询人（若招标人委托则有）的名称；招标人、造价咨询人（若招标人委托则有）的法定代表人或其授权人的签章；具体编制人和复核人的签章；具体的编制时间和复核时间。招标控制价封面上应写明工程招标控制价的“大写金额”和“小写金额”。

根据《建设工程工程量清单计价规范》GB 50500—2013，最终形成的招标控制价按相应顺序排列应为：

（1）工程项目招标控制价封面

（2）工程项目招标控制价扉页

（3）工程项目计价总说明

（4）单项工程招标控制价汇总表

（5）单位工程招标控制价汇总表

（6）分部分项工程和单价措施项目清单与计价表

（7）总价措施项目清单与计价表

（8）其他项目清单与计价表

（9）暂列金额明细表

（10）材料（工程设备）暂估单价及调整表

（11）专业工程暂估价表

（12）计日工表

（13）总承包服务费表

（14）规费、税金项目表

将上述相关表格文件装订成册，即成为完整的招标控制价文件。

在编制过程中产生的底稿文件主要包括定额工程量计算表、常规施工方案等，上述资料也应整理和归档，留存电子版或纸质版，以备项目后期参照。

4. 实训成果（表 8-32）

招标控制价封面 表 8-32

××市政工程管网建设项目 **工程**

招 标 控 制 价

招标控制价(小写)：340908 元

(大写)：叁拾肆万零玖佰零捌元

招 标 人：________ 造价咨询人：________

(单位盖章) (单位资质专用章)

法定代表人
或其授权人：________ (签字或盖章)

法定代表人
或其授权人：________ (签字或盖章)

全国建设工程造价员
××× 市政064111×××
×××市工程咨询有限责任公司
有效期至：2019 年 10 月 20 日

编 制 人：________ (造价人员签字盖专用章)

复 核 人：________ (造价工程师签字盖专用章)

编 制 时 间： 复 核 时 间：

封-2

〔**实训考评**〕

编制市政工程招标控制价的项目实训考评应包含实训考核和实训评价两个方面。

1. 实训考核

实训考核是指实训教师在指导学生完成该项目时的具体考察核定方法，应从实训组织、实训方法以及实训时间安排三个方面来体现。具体内容详见表8-33。

实训考核措施及原则 **表8-33**

	实训组织	实训方法	实训时间安排	
措施	划分实训小组 构建实训团队	手工计算 软件计算	内容	时间（天）
原则	学生自愿 人数均衡 团队分工明确 分享机制	两种方法任选其一 两种方法互相验证	拟定常规施工方案，确定合同条款	1
			计算定额工程量，确定综合单价	4
			编制分部分项工程项目及单价措施项目清单与计价表	2
			编制总价措施项目清单与计价表	0.5
			编制其他项目清单与计价表	1
			编写规费及税金项目清单与计价表	0.5
			编制招标控制价总说明及填写封面	0.5
			招标控制价整理、复核、装订	0.5

2. 实训评价

实训评价主要分为小组自评和教师评价两种方式，具体的评价办法参见表8-34。

实训评价方式 **表8-34**

评价方式	项目	具体内容	满分分值	占比
小组自评 （20%）	专业技能		12	60%
	团队精神		4	20%
	创新能力		4	20%
教师评价 （80%）	实训过程	团队意识	12	40%
		沟通协作能力	10	
		开拓精神	10	
	实训成果	内容完整性	8	40%
		格式规范性	8	
		方法适宜性	8	
		书写工整性	8	
	实训考勤	迟到	4	20%
		早退	4	
		缺席	8	

项目9　编制市政工程投标报价

编制市政工程投标报价是编制市政工程招标控制价的后置环节。投标报价是投标人投标时响应招标文件要求所作出的对已标价工程量清单汇总后标明的总价。作为投标人来说，要编制一份竞争力强的投标价，需要对招标文件中的投标人须知、合同条件、技术规范、图纸和工程量清单进行详细分析，深刻而正确地理解招标文件和业主的意图。另外，还应对工程现场的实际条件进行现场勘察，若是这些现场条件对项目单价的影响程度比较大，在编制具体项目单价时就应重点考虑，增加适当的风险费用。例如：某市政工程项目，距离工程所在地最近的商品混凝土搅拌站都超过10km，那么在对混凝土浇筑项目报价时，应适当提高商品混凝土价格。总体来说，编制投标价是一项复杂的系统工程，需要周密思考，统筹安排。

〔实训目标〕

1. 能理解市政工程投标报价的概念和意义；

2. 能理解市政工程投标报价的地位和作用；

3. 能运用施工图、工程量清单计价规范、工程量计算规范、地方清单计价定额、相关设计及施工规范或图集，参照招标文件及背景资料编制市政工程投标报价。

〔实训案例〕

编制××市政桥梁工程的投标报价。

1. 工程概况

某市政桥梁工程，桥梁立面图、平面图及剖面图见图9-1，0号桥台和3号桥台一般构造图见图9-2和图9-3，1号桥墩和2号桥墩一般构造图见图9-4和图9-5。桥梁下部桩基混凝土强度等级为C25，空心连续板混凝土强度等级为C50，其余混凝土构件均采用C30混凝土。

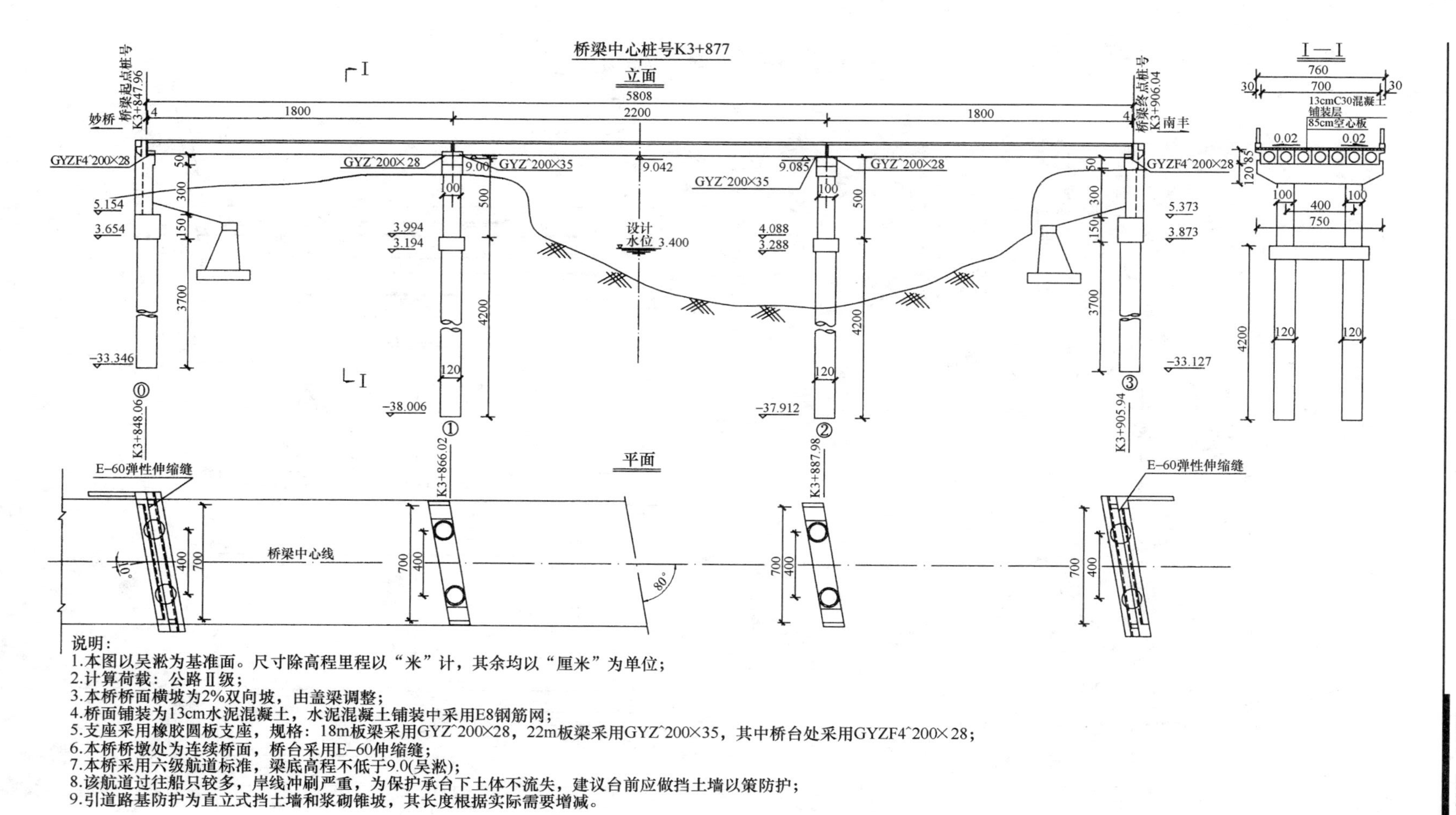

说明：

1.本图以吴淞为基准面。尺寸除高程里程以“米”计，其余均以“厘米”为单位；
2.计算荷载：公路Ⅱ级；
3.本桥桥面横坡为2%双向坡，由盖梁调整；
4.桥面铺装为13cm水泥混凝土，水泥混凝土铺装中采用E8钢筋网；
5.支座采用橡胶圆板支座，规格：18m板梁采用GYZ^200×28，22m板梁采用GYZ^200×35，其中桥台处采用GYZF4^200×28；
6.本桥桥墩处为连续桥面，桥台采用E−60伸缩缝；
7.本桥采用六级航道标准，梁底高程不低于9.0(吴淞)；
8.该航道过往船只较多，岸线冲刷严重，为保护承台下土体不流失，建议台前应做挡土墙以策防护；
9.引道路基防护为直立式挡土墙和浆砌锥坡，其长度根据实际需要增减。

图 9-1 桥梁立面图、平面图及剖面图

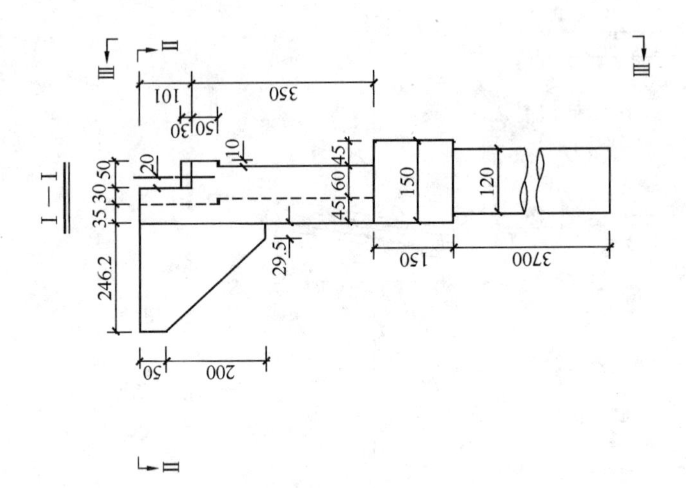

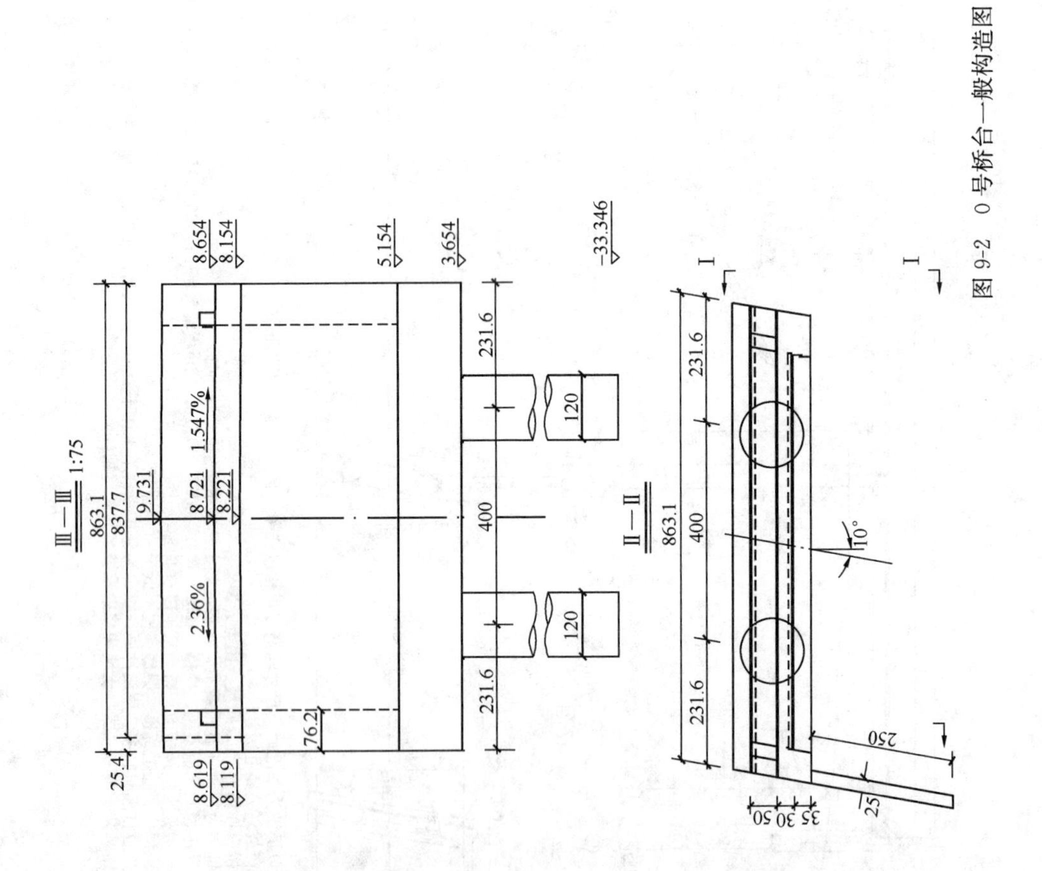

注：图中尺寸除钢筋直径以“毫米”计，其余均以“厘米”为单位。

图 9-2　0 号桥台一般构造图

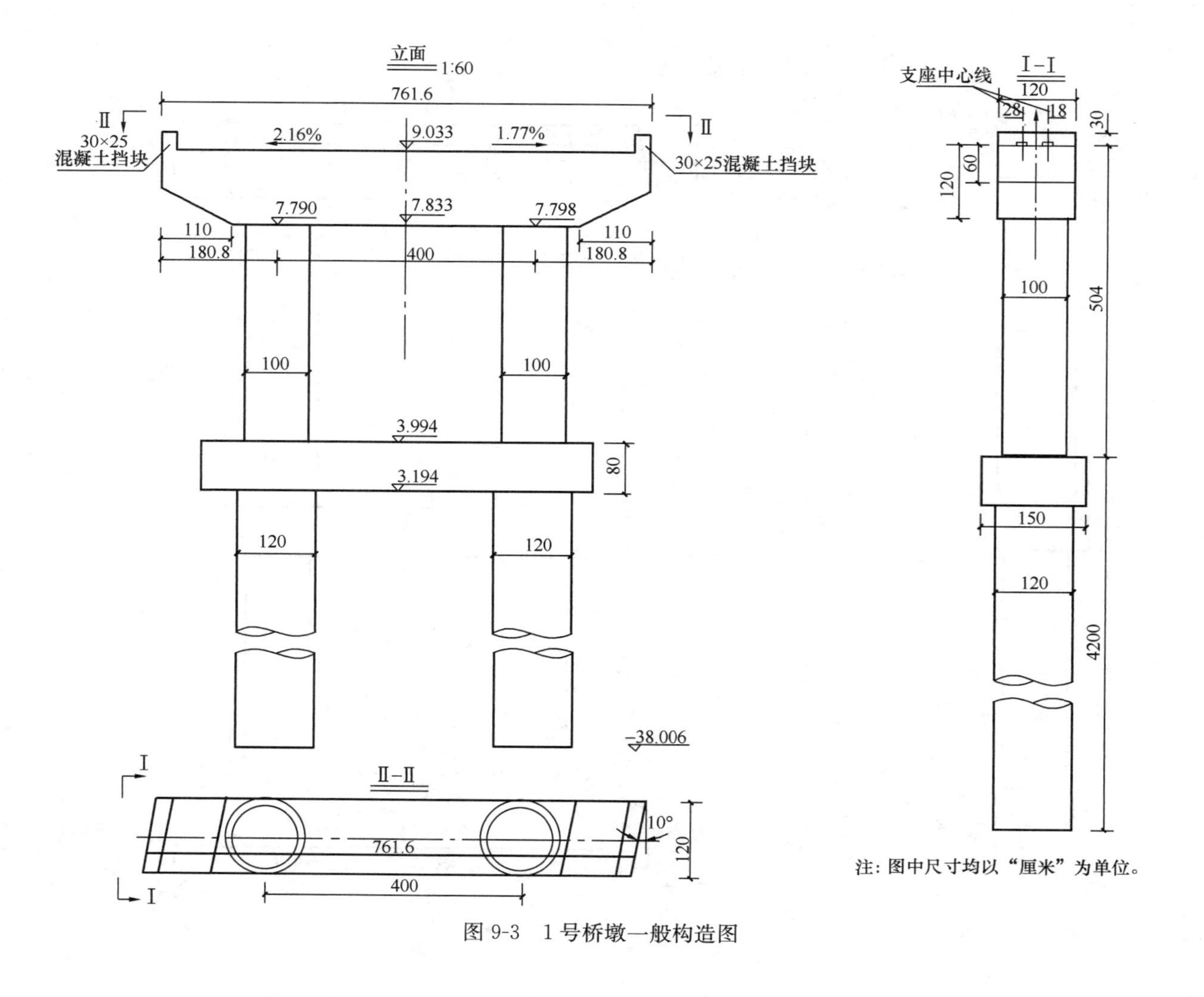

图 9-3　1 号桥墩一般构造图

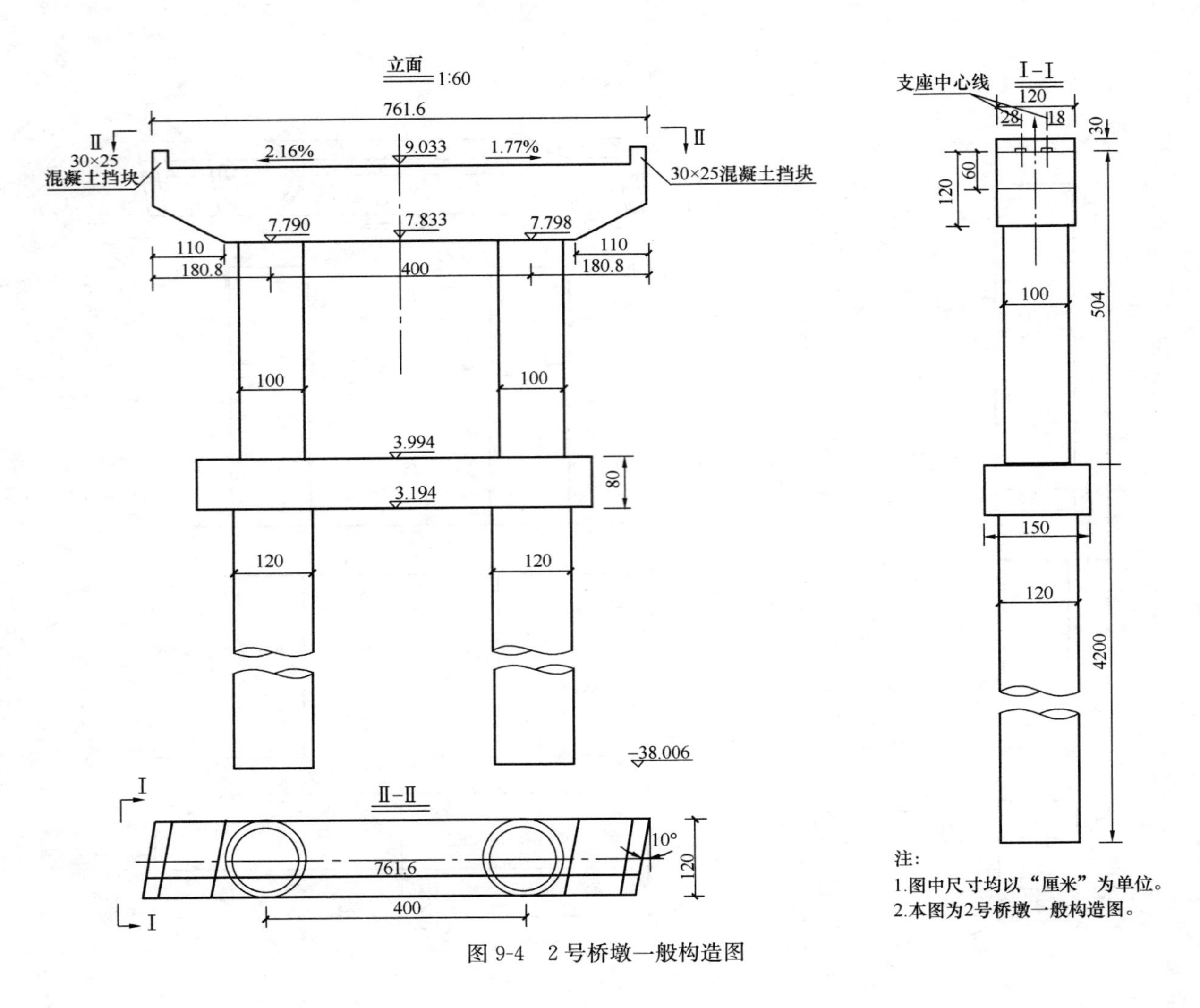

图 9-4　2 号桥墩一般构造图

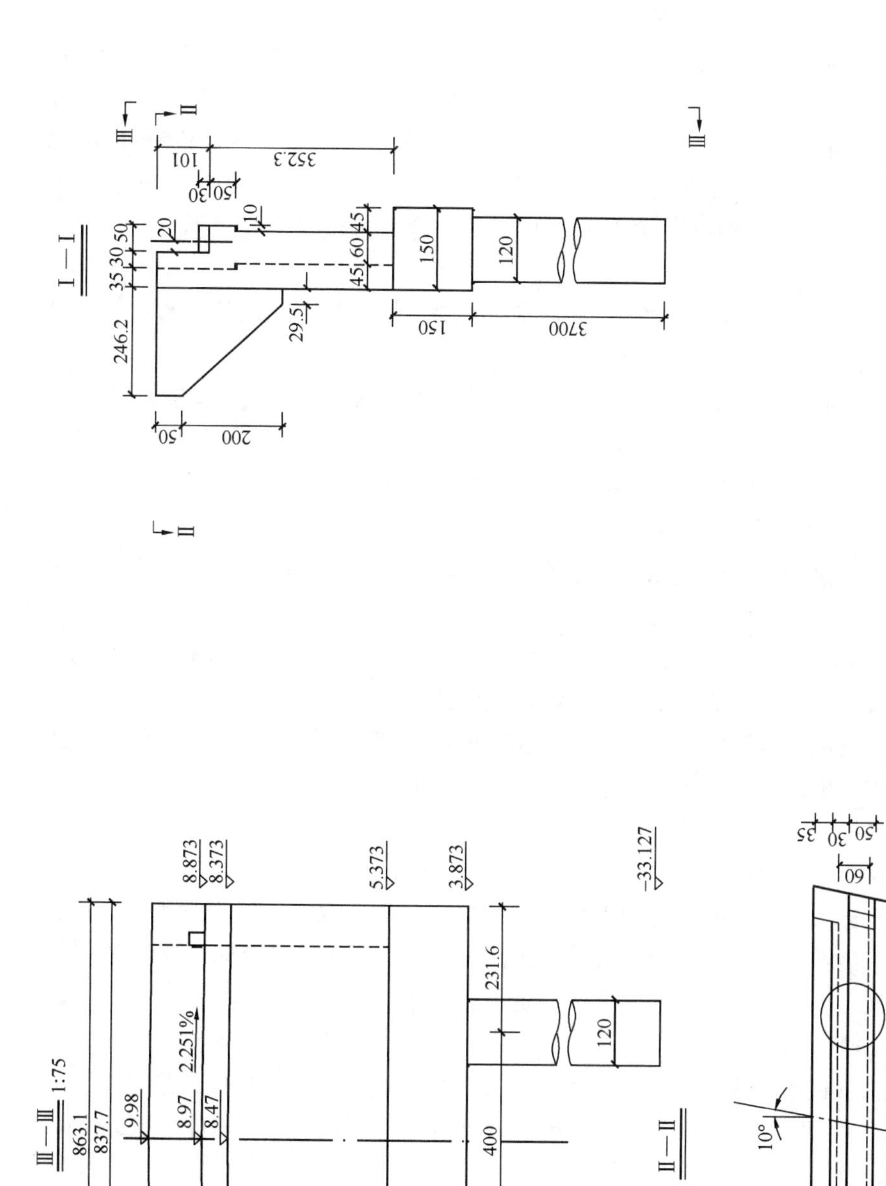

注：图中尺寸除钢筋直径以“毫米”计，其余均以“厘米”为单位。

图 9-5　3 号桥台一般构造图

2. 编制要求

试根据“某市政桥梁工程”的工程量清单文件（见表9-1），结合《建筑安装工程费用项目组成》（建标［2013］44号）、《建设工程工程量清单计价规范》GB 50500—2013、《市政工程工程量计算规范》GB 50857—2013、2015版《四川省建设工程工程量清单计价定额》、《四川省建设工程安全文明施工费计价管理办法》等文件，编制该工程的投标报价。

（1）分部分项工程项目和单价措施项目的综合单价由投标人根据自身情况自行报价。

（2）总价措施项目清单除安全文明施工类项目根据规范和政策文件报价，其余项目由投标人自主确定及报价。

（3）其他项目清单中除暂列金额按分部分项工程费的10%计算，其余项目由投标人自主确定及报价。

（4）规费及税金项目清单根据规范和政策文件报价。

3. 招标文件相关规定

（1）本工程包含设计施工图涵盖的所有项目内容，所有项目内容进行统一招标。

（2）本次招标性质为施工总承包；招标内容包括完成招标工程量清单中的所有工作项目所必需消耗的人工、材料和机械设备等资源。

（3）各投标人应按照该工程所在地的造价主管部门发布的现行定额结合人工费调整的相关规定综合确定人工单价、机械台班单价。

（4）各投标人应按照该工程所在地的造价主管部门发布的现行定额结合工程所在地的材料市场价格信息综合确定材料单价、机械台班单价。

（5）投标人所确定的各分项工程项目的综合单价，视为已经包含了为完成该项目所必需消耗的人工、材料、机械台班消耗量和一定风险的管理费及利润。

（6）该工程招标控制价的其他项目费中暂列金额，原则上不应超过分部分项工程费的10%。

（7）总承包服务费系按专业工程承包人的要求提供施工工作面并对施工现场进行统一管理，对竣工资料进行统一整理汇总。各投标人应自行确定该项费用。

分部分项工程及措施项目清单　　**表9-1**

序号	项目编码	项目名称	项目特征	计量单位	工程量
1	040301004001	灌注桩	1. 地层情况：详见地勘报告 2. 桩长：详见施工图 3. 桩径：120cm 4. 成孔方法：正循环回旋钻孔 5. 混凝土种类、强度等级：C25商品混凝土	m^3	353.58
2	040303003001	混凝土承台	混凝土强度等级：C30商品混凝土	m^3	38.84

续表

序号	项目编码	项目名称	项目特征	计量单位	工程量
3	040303023001	混凝土连系梁	1. 形状：详见施工图 2. 混凝土强度等级：C30 商品混凝土	m^3	15.31
4	040303005001	混凝土台身	1. 部位：0 号和 3 号桥台 2. 混凝土强度等级：C30 商品混凝土	m^3	33.66
5	040303005002	混凝土墩身	1. 部位：1 号和 2 号桥墩 2. 混凝土强度等级：C30 商品混凝土	m^3	11.94
6	040303004001	混凝土台帽	1. 部位：0 号和 3 号桥台 2. 混凝土强度等级：C30 商品混凝土	m^3	6.90
7	040303007001	混凝土墩盖梁	1. 部位：0 号和 3 号桥台 2. 混凝土强度等级：C30 商品混凝土	m^3	20.61
8	040303012001	混凝土连续板	1. 部位：桥跨结构 2. 结构形式：空心连续板梁 3. 混凝土强度等级：C50 商品混凝土	m^3	70.70
9	040303019001	桥面铺装	1. 混凝土强度等级：C30 商品混凝土 2. 厚度：13cm	m^2	441.41
10	040309004001	橡胶支座	1. 材质：橡胶板 2. 规格、型号：详见施工图——桥梁立面图	个	74
11	040303024001	混凝土其他构件	1. 部位：桥台和盖梁防震挡块； 2. 混凝土强度等级：C30 商品混凝土	m^3	0.66
12	041102003001	承台模板	构件类型：现浇混凝土构件	m^2	82.17
13	041102004001	台帽模板	1. 构件类型：现浇混凝土构件 2. 支模高度：约 11m	m^2	17.30
14	041102005001	台身模板	1. 构件类型：现浇混凝土构件 2. 支模高度：11m 以内	m^2	100.88
15	041102006001	支撑梁模板	1. 构件类型：现浇混凝土构件 2. 支模高度：4m 以内	m^2	43.68
16	041102007001	墩盖梁模板	1. 构件类型：现浇混凝土构件 2. 支模高度：9m 以内	m^2	52.66
17	041102012001	柱模板	1. 构件类型：现浇混凝土构件 2. 支模高度：9m 以内	m^2	47.75
18	041102014001	板模板	1. 构件类型：现浇混凝土构件 2. 支模高度：10m 以内	m^2	917.15
19	041102021001	挡块模板	构件类型：现浇混凝土构件	m^2	2.44

任务1 拟定针对性施工方案及确定合同条款

1. 实训目的

(1) 能根据设计施工图纸和项目的背景资料，结合工程实际拟定项目针对性施工方案；

(2) 能根据《市政工程工程量计算规范》GB 50857—2013、《建设工程施工合同（示范文本）》，确定施工合同中与市政工程造价相关的条款。

2. 实训内容

(1) 拟定项目常规施工方案

根据设计施工图纸，编制要求和招标文件相关规定，结合工程项目的实际情况拟定项目针对性施工方案。

(2) 确定施工合同中与市政工程造价相关的条款

根据设计施工图纸，参照《市政工程工程量计算规范》GB 50857—2013、《建设工程施工合同（示范文本）》，并结合工程项目的实际情况确定施工合同中与市政工程造价相关的条款。

3. 实训步骤与指导

投标人为了正确地拟定针对性施工方案及确定合同条款，需要周密思考，统筹安排。一般应做到以下几点：

(1) 研究招标文件

投标人应重点研究招标文件中的工程量清单、图纸和技术标准和要求，这些内容都直接决定了投标人的投标报价；还应研究招标文件中的合同条款及格式、投标文件格式，这些内容间接决定了投标人的投标报价；最后，应清楚招标文件中的评标办法、投标人须知等内容，最大限度上地从形式上响应招标人的要求，防止因为一些形式问题而导致废标。

(2) 准备与投标有关的所有资料

与投标相关的资料较多，具体有下列几类：

1) 技术类：包括招标文件及其补充通知、答疑纪要；根据施工现场情况、工程特点拟定的施工组织设计或施工方案；相关的标准、规范等技术资料。

2) 计量类：现行的《市政工程工程量计算规范》；企业定额；招标工程量清单及其补充通知等。

3) 计价类：现行的《建设工程工程量清单计价规范》；国家或省级、行业建设主管部门颁发的计价定额和计价办法；市场价格信息或工程造价管理机构发布的工程造价信息等。

(3) 工程现场调查

投标人应做好工程所在地现场区域的调查工作，这与编制招标工程量清单准备工作中的现场踏勘相比，在本质上是一样的。但投标人的工程现场调查的深度，应远远大于招标工程量清单编制方的调查深度。

(4) 市场询价

在正式开始投标报价工作之前，投标人必须做好市场询价工作。所谓市场询价，是指投标人通过网络、电话、信函等方式向提供人、材、机等生产要素的生产商、销售商或提供专业服务的分包商了解价格的工作。它是投标报价的基础，为投标报价提供可靠的依据。

（5）复核工程量，确定投标策略

复核工程量是指投标人根据招标人提供的图纸，参照相应工程量计算规则计算工程的分部分项工程项目和单价措施项目的工程量，将计算结果与招标工程量清单中提供的工程量比较。投标人以此来确定招标工程量清单中提供的工程量的准确程度。

工程量的大小是投标报价最直接的依据。投标人可以根据复核后的工程量与招标文件中提供的工程量之间的差距，决定投标报价的尺度，并考虑投标报价的策略。具体的策略应包括下列三种情况：

1）工程量遗漏或错误

因为招标人应对招标工程量清单的准确性和完整性负责，投标人没有必须提出修改错误的责任。经过工程量复核，对于招标工程量清单中的工程量有遗漏或错误的情况，应考虑是否向招标人提出修改；投标人可以运用一些报价的技巧提高整体报价的质量，让自己的报价更具竞争性。

2）工程量增加或减少

经过工程量复核，预计今后工程量会增加的项目，单价适当提高；预计今后工程量会减少的项目，单价适当降低。

3）工程量难以准确确定

对于某些招标文件，如果发现由于工程范围界定不明确而导致的工程量难以准确确定的情况，则要在充分估计投标风险的基础上，按多方案报价处理，即按原招标文件报一个价，然后再提出如某条款作某些变动，报价可降低多少，由此可多报一个较低的价。

复核工程量不仅仅可以制定投标策略，还可以帮助投标人准确地确定订货及采购物资的数量，防止由于超量或少购等带来的浪费、积压货停工待料。

4. 实训成果

（1）拟定针对性施工方案（表9-2）

桥梁工程常规施工方案　　表9-2

序号	项目名称	工作内容
1	地基预压及搭设外架	采用堆载预压，待地基承载力符合要求后搭设外架
2	泥浆护壁成孔灌注桩	采用回旋钻机钻孔，正循环出渣，土壤类别为Ⅲ类土，灌注C25混凝土桩，养护成型
3	混凝土承台	采用C30商品混凝土，将送到浇筑点的成品混凝土进行捣固、养护，安拆、清洗输送管道等
4	混凝土连系梁	采用C30商品混凝土，将送到浇筑点的成品混凝土进行捣固、养护，安拆、清洗输送管道等

续表

序号	项目名称	工作内容
5	轻型桥台	采用C30商品混凝土，将送到浇筑点的成品混凝土进行捣固、养护，安拆、清洗输送管道等
6	柱式桥墩	采用C30商品混凝土，将送到浇筑点的成品混凝土进行捣固、养护，安拆、清洗输送管道等
7	台帽	采用C30商品混凝土，将送到浇筑点的成品混凝土进行捣固、养护，安拆、清洗输送管道等
8	盖梁	采用C30商品混凝土，将送到浇筑点的成品混凝土进行捣固、养护，安拆、清洗输送管道等
9	混凝土连续板	采用C50混凝土现场预制空心板，采用机具安装、就位、校正、固定，砂浆填缝
10	桥面铺装	采用C30商品混凝土，将送到浇筑点的成品混凝土进行捣固、养护，安拆、清洗输送管道等
11	橡胶支座	采用橡胶板支座，安装、定位、校正、固定
12	防震挡块	采用C30商品混凝土，将送到浇筑点的成品混凝土进行捣固、养护，安拆、清洗输送管道等

注：由于本例不包含混凝土中钢筋工程，所以上述施工方案省略了相关钢筋制作、安装的工艺。

（2）确定施工合同中与市政工程造价相关的条款（表9-3）

××市政桥涵　工程施工合同（摘录）　　　**表9-3**

发包人（全称）： **××市城市投资发展有限公司**

承包人（全称）： **××市政施工公司**

根据《中华人民共和国合同法》、《中华人民共和国建筑法》及有关法律规定，遵循平等、自愿、公平和诚实信用的原则，双方就工程施工及有关事项协商一致，共同达成如下协议：

1. 该工程工程量清单存在缺项、漏项的，工程量清单偏差超出专用合同条款约定的工程量偏差范围的，发包人应予以修正，并相应调整合同价格。

2. 该工程所发生的安全文明施工费由发包人承担，发包人不得以任何形式扣减该部分费用。

3. 因发包人原因造成工程不合格的，由此增加的费用和（或）延误的工期由发包人承担，并支付承包人合理的利润。

……

发包人（盖章）：　　　　承包人（盖章）：

发包人代表（签字）　　　　承包人代表（签字）

年　月　日　　　　年　月　日

任务2　计算定额工程量并确定综合单价

1. 实训目的

（1）能根据施工图纸和地方清单计价定额，结合项目实际情况，科学合理地套用项目定额并计算定额工程量。

(2) 能根据拟定的常规施工方案和《市政工程工程量计算规范》GB 50857—2013，结合项目实际情况，科学合理地确定各分部分项工程项目和单价措施项目的综合单价。

2. 实训内容

(1) 根据设计施工图纸，编制要求和招标文件相关规定，参照地方清单计价定额，并结合工程项目的实际情况套用定额并计算定额工程量。

(2) 根据设计施工图纸，编制要求和招标文件相关规定，并结合已拟定的常规施工方案确定各分部分项工程项目和单价措施项目的综合单价。

3. 实训步骤与指导

投标报价时，确定项目的综合单价的思路和步骤与编制招标控制价时基本类似，但不同之处在于编制投标报价时，确定综合单价的参考依据均是根据投标人自身的实际情况来确定。例如人、材、机的消耗量标准；采购的材料价格、机械台班价格和劳务价格；依据投标策略所确定的管理费率和利润率等。

确定综合单价的步骤如下：

(1) 依据招标文件中提供的招标工程量清单（或招标控制价）和施工图纸等资料，按照投标人自身的企业定额、已拟好的施工方案来确定完成清单项目需要消耗的各种人工、材料、机械台班的数量。需要强调的是，若某些投标人并无企业定额，可以参照国家、地区或行业定额来综合确定。

(2) 以企业掌握的人工、材料和机械台班单价为基础，按规定程序计算出所组价定额项目的合价。

(3) 将计算出项目合价除以招标工程量清单（或招标控制价）中所列的清单项目的工程量，便得到分部分项清单项目综合单价。

根据上述三个步骤，举例确定投标报价中分部分项清单项目的综合单价。

例：项目背景同项目7的实训案例，施工单位根据工程特点和企业实际情况，结合投标小组拟定的投标策略，作出下列两项决定：

(1) 将水泥稳定碎（砾）石（040202015001）项目综合单价中的管理费和利润在招标控制价的基础下浮20%，以提高投标报价的竞争力；

(2) 由于沥青混凝土（040203006001）项目综合单价中的材料“中粒式沥青混凝土AC-20”价格上涨，将其材料价格调整为1100元/m^3，避免中标后由于此项目综合单价过低而造成损失。

根据上述两项决定，试确定水泥稳定碎（砾）石（040202015001）和沥青混凝土（040203006001）的综合单价。水泥稳定碎（砾）石项目的综合单价分析见表9-4；该表套用的相关定额为2015版《四川省建设工程工程量清单计价定额——市政工程》，具体内容见表9-5、表9-6。沥青混凝土项目的综合单价分析见表9-7。该表套用的相关定额为2015版《四川省建设工程工程量清单计价定额——市政工程》，具体内容见表9-8、表9-9。

水泥稳定碎（砾）石清单项目综合单价分析表

表 9-4

工程名称：××市政工程道路建设项目　　　　第 1 页　共 1 页

项目编码		040202015001		项目名称		水泥稳定碎（砾）石		计量单位	m²	工程量	5986.16
清单综合单价组成明细											
定额编号	定额项目名称	定额单位	数量	单价				合价			
				人工费	材料费	机械费	管理费和利润	人工费	材料费	机械费	管理费和利润
DB0102	水泥稳定碎石基层（水泥含量）5% 压实厚度（cm）20	100m²	0.01	424.76	2404.28	221.82	110.08	4.25	24.04	2.22	1.10
DB0103 换	水泥稳定碎石基层（水泥含量）5% 压实厚度（cm）每增减 1[单价×2，机＋230.48×0.05×2，综合费×2]	100m²	0.01	34.86	240.06	23.05	5.86	0.35	2.40	0.23	0.06
DB0112	顶层多合土养生 洒水车洒水	100m²	0.01	7.65	6.70	17.71	3.66	0.08	0.07	0.18	0.04
人工单价		小　计						4.68	26.51	2.63	1.20
元/工日		未计价材料费									
清单项目综合单价								35.00			
材料费明细	主要材料名称、规格、型号					单位	数量	单价（元）	合价（元）	暂估单价（元）	暂估合价（元）
	水泥 32.5					kg	24.56	0.36	8.84		
	碎石 5～40mm					m³	0.1698	65.00	11.04		
	石屑					m³	0.1254	50.00	6.27		
	水					m³	0.108	3.35	0.36		
	其他材料费							—		—	
	材料费小计							—	26.51	—	

注：上述确定综合单价的过程中参照的计价定额为 2015 版《四川省建设工程工程量清单计价定额——市政工程》，材料价格参照《四川省工程造价信息》2015 年第 12 期确定。

水泥稳定碎石基层（DB0102、DB0103） **表9-5**

工作内容：放线、上料、运料、拌合、摊铺、碾压。 单位：100m²

定额编号				DB0100	DB0101	DB0102	DB0103
项目				水泥稳定碎石基层（水泥含量）			
				3%		5%	
				压实厚度（cm）			
				20	每增减1	20	每增减1
基价				2593.99	110.79	2966.84	129.64
其中	人工费（元）			424.76	17.43	424.76	17.43
	材料费（元）			1801.15	89.70	2174.00	108.55
	机械费（元）			230.48	—	230.48	
	综合费（元）			137.60	3.66	137.60	3.66
名称		单位	单价（元）	数量			
材料	水泥32.5	kg	0.40	1248.000	61.000	2333.000	111.500
	碎石5～40cm	m³	45.00	15.910	0.800	15.440	0.770
	石屑	m³	50.00	11.400	0.570	11.400	0.570
	水	m³	2.00	8.000	0.400	8.000	0.400
机械	柴油	kg		(13.968)	—	(13.968)	—

顶层多合土养生洒水车洒水（DB0112） **表9-6**

工作内容：浇筑、抹面、压痕、养护、纵缝刷沥青等。 单位：100m²

定额编号				DB0112	DB0112
项目				顶层多合土养生	
				洒水车洒水	人工洒水
基价				32.64	43.00
其中	人工费（元）			7.65	32.00
	材料费（元）			4.00	4.92
	机械费（元）			16.42	—
	综合费（元）			4.57	6.08
名称		单位	单价（元）		
材料	水	m³	2.00	2.000	2.000
	其他材料费	元		—	0.920
机械	汽油	kg		(1.198)	—

沥青混凝土工程量清单综合单价分析表

表 9-7

工程名称：××市政工程道路建设项目　　　　第1页　共1页

项目编码		040203006001		项目名称		沥青混凝土		计量单位	m^2	工程量	5767.32
清单综合单价组成明细											
定额编号	定额项目名称	定额单位	数量	单价				合价			
				人工费	材料费	机械费	管理费和利润	人工费	材料费	机械费	管理费和利润
DB0158	热沥青混合物运输全程运距≤30km 运距 1000m	$10m^3$	0.006	23.80		118.48	25.23	0.14		0.71	0.15
DB0159 换	热沥青混合物运输全程运距≤30km 每增运 1000m [单价×4，综合费×4]	$10m^3$	0.006	17.00		84.65	18.04	0.10		0.51	0.11
DB0141	沥青混凝土路面铺筑机械压实厚度（cm）6	$100m^3$	0.01	224.35	25.77	256.25	103.34	2.24	0.26	2.56	1.03
人工单价		小　计						2.48	0.26	3.78	1.29
元/工日		未计价材料费						66.99			
清单项目综合单价								74.81			
材料费明细	主要材料名称、规格、型号					单位	数量	单价（元）	合价（元）	暂估单价（元）	暂估合价（元）
	中粒式沥青混凝土 AC-20					m^3	0.0609	1100.00	66.99		
	其他材料费							—	0.26	—	
	材料费小计							—	67.25	—	

注：上述确定综合单价的过程中参照的计价定额为2015版《四川省建设工程工程量清单计价定额——市政工程》，材料价格参照《四川省工程造价信息》2015年第12期确定。

热沥青混合物运输（DB0158、DB0159） **表 9-8**

工作内容：接斗、装车、运输、自卸、空回。 单位：10m³

定额编号				DB0156	DB0157	DB0158	DB0159
项目				热沥青混合物运输 全程运距			
				≤1000m		≤30km	
				运距≤200m	每增运 100m	运距≤1000m	每增运 1000m
基价				112.88	14.11	158.03	28.23
其中	人工费（元）			17.00	2.13	23.80	4.25
	材料费（元）			—	—	—	—
	机械费（元）			77.86	9.73	109.00	19.47
	综合费（元）			18.02	2.25	25.23	4.51
名称		单位	单价（元）	数量			
机械	汽油	kg		(6.268)	(0.784)	(8.775)	(1.567)

沥青混凝土路面铺筑（DB0141） **表 9-9**

工作内容：清扫路基，钉箱条或整修侧缘石，卸料，摊铺，
接缝，找平，点补，火夯边角，跟碾刷油等。 单位：100m²

定额编号				DB0139	DB0140	DB0141	DB0142
项目				沥青混凝土路面铺筑			
				人工		机械	
				压实厚度（cm）			
				6	每增减 1	6	每增减 1
基价				618.31	39.90	621.19	53.39
其中	人工费（元）			343.03	32.00	224.35	25.50
	材料费（元）			24.14	1.18	25.77	1.59
	机械费（元）			148.02	—	267.73	17.31
	综合费（元）			103.12	6.72	103.34	8.99
名称		单位	单价（元）	数量			
材料	沥青混合物	m³		(6.090)	(1.020)	(6.090)	(1.020)
	其他材料费	元		24.140	1.180	25.770	1.590
机械	柴油	kg		(12.818)	—	(18.524)	(1.487)

由表 9-4 和表 9-7，可得水泥稳定碎（砾）石（040202015001）调整后的综合单价为 35.00 元/m²；沥青混凝土（040203006001）调整后的综合单价为 74.81 元/m²。

4. 实训成果

各清单项目的综合单价分析表详见表 9-10～表 9-28，其中，表 9-21～表 9-28 为单价措施项目的综合单价分析表。

分部分项工程量清单综合单价分析表

表 9-10

工程名称：××市政桥涵工程　　　　第1页　共11页

<table>
<tr><td colspan="3">项目编码</td><td colspan="2">040301004001</td><td colspan="3">项目名称</td><td>泥浆护壁成孔灌注桩</td><td>计量单位</td><td>m³</td><td>工程量</td><td>353.58</td></tr>
<tr><td colspan="13">清单综合单价组成明细</td></tr>
<tr><td rowspan="2">定额编号</td><td rowspan="2">定额项目名称</td><td rowspan="2">定额单位</td><td rowspan="2">数量</td><td colspan="5">单价</td><td colspan="4">合价</td></tr>
<tr><td>定额人工费</td><td>人工费</td><td>材料费</td><td>机械费</td><td>管理费和利润</td><td>人工费</td><td>材料费</td><td>机械费</td><td>管理费和利润</td></tr>
<tr><td>AC0092</td><td>回旋钻机钻孔桩径≤1200mm</td><td>10m³</td><td>0.1</td><td>1189.24</td><td>1474.66</td><td>389.71</td><td>2109.28</td><td>692.69</td><td>147.47</td><td>38.97</td><td>210.93</td><td>69.27</td></tr>
<tr><td>AC0213 换</td><td>灌注桩商品混凝土 C25</td><td>10m³</td><td>0.1</td><td>327.66</td><td>406.30</td><td>3824.00</td><td>200.27</td><td>114.99</td><td>40.63</td><td>382.40</td><td>20.03</td><td>11.50</td></tr>
<tr><td colspan="2"></td><td colspan="7">小　计</td><td>188.10</td><td>421.37</td><td>230.96</td><td>80.77</td></tr>
<tr><td colspan="9">清单项目综合单价</td><td colspan="4">921.19</td></tr>
<tr><td rowspan="8">材料费明细</td><td colspan="2">主要材料名称、规格、型号</td><td colspan="3">单位</td><td colspan="3">数量</td><td>单价（元）</td><td>合价（元）</td><td>暂估单价（元）</td><td>暂估合价（元）</td></tr>
<tr><td colspan="2">二等锯材</td><td colspan="3">m³</td><td colspan="3">0.0092</td><td>2200.00</td><td>20.24</td><td></td><td></td></tr>
<tr><td colspan="2">膨润土</td><td colspan="3">kg</td><td colspan="3">20</td><td>0.30</td><td>6.00</td><td></td><td></td></tr>
<tr><td colspan="2">水</td><td colspan="3">m³</td><td colspan="3">2</td><td>3.35</td><td>6.70</td><td></td><td></td></tr>
<tr><td colspan="2">电焊条</td><td colspan="3">kg</td><td colspan="3">1.097</td><td>5.50</td><td>6.03</td><td></td><td></td></tr>
<tr><td colspan="2">商品混凝土 C25</td><td colspan="3">m³</td><td colspan="3">1.195</td><td>320.00</td><td>382.40</td><td></td><td></td></tr>
<tr><td colspan="8">其他材料费</td><td></td><td></td><td></td><td></td></tr>
<tr><td colspan="8">材料费小计</td><td></td><td>421.37</td><td></td><td></td></tr>
</table>

注：1. 本项目综合单价根据 2015 版《四川省建设工程工程量清单计价定额——市政工程》计算；

2. 人工费上调系数为 21.02%；

3. 材料单价参照《四川省工程造价信息》2015 年第 12 期确定。

分部分项工程量清单综合单价分析表

表 9-11

工程名称：××市政桥涵工程　　　　第 2 页　共 11 页

项目编码		040303003001		项目名称			混凝土承台		计量单位	m³	工程量	38.84
清单综合单价组成明细												
定额编号	定额项目名称	定额单位	数量	单价					合价			
				定额人工费	人工费	材料费	机械费	管理费和利润	人工费	材料费	机械费	管理费和利润
DC0012	承台 C25 商品混凝土	10m³	0.1	301.65	374.05	3445.23	9.92	76.33	37.41	344.52	0.99	7.63
		小　计							37.41	344.52	0.99	7.63
清单项目综合单价									390.55			
材料费明细	主要材料名称、规格、型号						单位	数量	单价（元）	合价（元）	暂估单价（元）	暂估合价（元）
	商品混凝土 C30						m³	1.005	340.00	341.70		
	水						m³	0.66	3.35	0.04		
	其他材料费								—	0.61	—	
	材料费小计								—	344.52	—	

注：1. 本项目综合单价根据 2015 版《四川省建设工程工程量清单计价定额——市政工程》计算；

2. 人工费上调系数为 21.02%；

3. 材料单价参照《四川省工程造价信息》2015 年第 12 期确定。

分部分项工程量清单综合单价分析表

表 9-12

工程名称：××市政桥涵工程　　　　第 3 页　共 11 页

项目编码		040303023001		项目名称			混凝土连系梁		计量单位	m^3	工程量	15.31
清单综合单价组成明细												
定额编号	定额项目名称	定额单位	数量	单价					合价			
				定额人工费	人工费	材料费	机械费	管理费和利润	人工费	材料费	机械费	管理费和利润
DC0036	下部支撑梁 商品混凝土 C25	$10m^3$	0.1	402.75	499.41	3467.00	12.88	101.83	49.94	346.70	1.29	10.18
		小计							49.94	346.70	1.29	10.18
清单项目综合单价									408.11			
材料费明细		主要材料名称、规格、型号				单位		数量	单价（元）	合价（元）	暂估单价（元）	暂估合价（元）
		商品混凝土 C30				m^3		1.005	340.00	341.70		
		水				m^3		0.66	3.35	2.21		
		其他材料费							—	2.79	—	
		材料费小计							—	346.70	—	

注：1. 本项目综合单价根据 2015 版《四川省建设工程工程量清单计价定额——市政工程》计算；

2. 人工费上调系数为 21.02%；

3. 材料单价参照《四川省工程造价信息》2015 年第 12 期确定。

分部分项工程量清单综合单价分析表

表 9-13

工程名称：××市政桥涵工程　　　　第 4 页　共 11 页

项目编码		040303005001		项目名称			混凝土台身		计量单位	m³	工程量	33.66
清单综合单价组成明细												
定额编号	定额项目名称	定额单位	数量	单价					合价			
				定额人工费	人工费	材料费	机械费	管理费和利润	人工费	材料费	机械费	管理费和利润
DC0021	轻型桥台 商品混凝土 C25	10m³	0.1	301.05	373.30	3436.22	18.03	78.17	37.33	343.62	1.80	7.82
		小计							37.33	343.62	1.80	7.82
清单项目综合单价									390.57			
材料费明细	主要材料名称、规格、型号				单位		数量		单价（元）	合价（元）	暂估单价（元）	暂估合价（元）
	商品混凝土 C30				m³		1.005		340.00	341.70		
	水				m³		0.51		3.35	1.71		
	其他材料费								—	0.21	—	
	材料费小计								—	343.62	—	

注：1. 本项目综合单价根据 2015 版《四川省建设工程工程量清单计价定额——市政工程》计算；

2. 人工费上调系数为 21.02%；

3. 材料单价参照《四川省工程造价信息》2015 年第 12 期确定。

分部分项工程量清单综合单价分析表

表 9-14

工程名称：××市政桥涵工程　　　　第 5 页　共 11 页

项目编码		040303005002		项目名称		混凝土墩身			计量单位	m³	工程量	11.94
清单综合单价组成明细												
定额编号	定额项目名称	定额单位	数量	单价					合价			
				定额人工费	人工费	材料费	机械费	管理费和利润	人工费	材料费	机械费	管理费和利润
DC0033	柱式墩台 商品混凝土 C30	10m³	0.1	414.75	514.29	3435.65	18.03	106.03	51.43	343.57	1.80	10.60
		小计							51.43	343.57	1.80	10.60
清单项目综合单价									407.40			
材料费明细	主要材料名称、规格、型号			单位		数量			单价（元）	合价（元）	暂估单价（元）	暂估合价（元）
	商品混凝土 C30			m³		1.005			340.00	341.70		
	水			m³		0.51			3.35	1.71		
	其他材料费								—	0.16	—	
	材料费小计								—	343.57	—	

注：1. 本项目综合单价根据 2015 版《四川省建设工程工程量清单计价定额——市政工程》计算；

2. 人工费上调系数为 21.02%；

3. 材料单价参照《四川省工程造价信息》2015 年第 12 期确定。

分部分项工程量清单综合单价分析表

表 9-15

工程名称：××市政桥涵工程　　　　第 6 页　共 11 页

项目编码		040303004001		项目名称			混凝土台帽		计量单位	m^3	工程量	6.90
清单综合单价组成明细												
定额编号	定额项目名称	定额单位	数量	单价					合价			
				定额人工费	人工费	材料费	机械费	管理费和利润	人工费	材料费	机械费	管理费和利润
DC0018	台帽 C30 商品混凝土	$10m^3$	0.1	406.95	504.62	3449.32	12.88	102.86	50.46	344.93	1.29	10.29
	小计								50.46	344.93	1.29	10.29
清单项目综合单价									406.97			
材料费明细		主要材料名称、规格、型号			单位		数量		单价（元）	合价（元）	暂估单价（元）	暂估合价（元）
		商品混凝土 C30			m^3		1.005		340.00	341.70		
		水			m^3		0.61		3.35	2.04		
		其他材料费							—	1.19	—	
		材料费小计							—	344.93	—	

注：1. 本项目综合单价根据 2015 版《四川省建设工程工程量清单计价定额——市政工程》计算；
2. 人工费上调系数为 21.02%；
3. 材料单价参照《四川省工程造价信息》2015 年第 12 期确定。

分部分项工程量清单综合单价分析表

表 9-16

工程名称：××市政桥涵工程　　　　第 7 页　共 11 页

项目编码	040303007001			项目名称			混凝土墩盖梁		计量单位	m³	工程量	20.61
清单综合单价组成明细												
定额编号	定额项目名称	定额单位	数量	单价					合价			
				定额人工费	人工费	材料费	机械费	管理费和利润	人工费	材料费	机械费	管理费和利润
DC0042 换	墩盖梁 商品混凝土 C30	10m³	0.1	406.95	504.62	3442.83	16.10	103.65	50.46	344.28	1.61	10.37
	小计								50.46	344.28	1.61	10.37
清单项目综合单价									406.72			
材料费明细	主要材料名称、规格、型号			单位		数量			单价（元）	合价（元）	暂估单价（元）	暂估合价（元）
	商品混凝土 C30			m³		1.005			340.00	341.70		
	水			m³		0.51			3.35	1.71		
	其他材料费								—	0.87	—	
	材料费小计								—	344.28	—	

注：1. 本项目综合单价根据 2015 版《四川省建设工程工程量清单计价定额——市政工程》计算；

2. 人工费上调系数为 21.02%；

3. 材料单价参照《四川省工程造价信息》2015 年第 12 期确定。

分部分项工程量清单综合单价分析表

表 9-17

工程名称：××市政桥涵工程　　　　第 8 页　共 11 页

项目编码		040303012001		项目名称			混凝土连续板		计量单位	m^3	工程量	70.70
清单综合单价组成明细												
定额编号	定额项目名称	定额单位	数量	单价					合价			
				定额人工费	人工费	材料费	机械费	管理费和利润	人工费	材料费	机械费	管理费和利润
DC0078 换	空心连续板 商品混凝土 C50	$10m^3$	0.1	478.80	593.71	4057.91	23.55	123.08	59.37	405.79	2.36	12.31
		小计							59.37	405.79	2.36	12.31
清单项目综合单价									479.83			
材料费明细		主要材料名称、规格、型号				单位		数量	单价（元）	合价（元）	暂估单价（元）	暂估合价（元）
		商品混凝土 C50				m^3		1.005	400.00	402.00		
		水				m^3		0.3	3.35	1.01		
		其他材料费							—	2.78	—	
		材料费小计							—	405.79	—	

注：1. 本项目综合单价根据 2015 版《四川省建设工程工程量清单计价定额——市政工程》计算；

2. 人工费上调系数为 21.02%；

3. 材料单价参照《四川省工程造价信息》2015 年第 12 期确定。

分部分项工程量清单综合单价分析表

表 9-18

工程名称：××市政桥涵工程　　　　第 9 页　共 11 页

项目编码		040303019001		项目名称			桥面铺装		计量单位	m^2	工程量	441.41
清单综合单价组成明细												
定额编号	定额项目名称	定额单位	数量	单价					合价			
				定额人工费	人工费	材料费	机械费	管理费和利润	人工费	材料费	机械费	管理费和利润
DC0117换	桥面铺装 商品混凝土 C30	$10m^3$	0.013	345.55	427.24	3639.49	14.01	87.85	5.55	47.31	0.18	1.14
		小计							5.55	47.31	0.18	1.14
清单项目综合单价									54.19			
材料费明细		主要材料名称、规格、型号			单位		数量		单价（元）	合价（元）	暂估单价（元）	暂估合价（元）
		商品混凝土 C30			m^3		0.13064		340.00	44.42		
		水			m^3		0.48		3.35	1.01		
		其他材料费							—	1.28	—	
		材料费小计							—	47.31	—	

注：1. 本项目综合单价根据2015版《四川省建设工程工程量清单计价定额——市政工程》计算；

2. 人工费上调系数为21.02%；

3. 材料单价参照《四川省工程造价信息》2015年第12期确定。

表 9-19

分部分项工程量清单综合单价分析表

工程名称：××市政桥涵工程　　　　第 10 页　共 11 页

<table>
<tr><td colspan="2">项目编码</td><td colspan="2">040309004001</td><td colspan="3">项目名称</td><td colspan="2">橡胶支座</td><td>计量单位</td><td>个</td><td>工程量</td><td>74</td></tr>
<tr><td colspan="13">清单综合单价组成明细</td></tr>
<tr><td rowspan="2">定额编号</td><td rowspan="2">定额项目名称</td><td rowspan="2">定额单位</td><td rowspan="2">数量</td><td colspan="5">单　价</td><td colspan="4">合　价</td></tr>
<tr><td>定额人工费</td><td>人工费</td><td>材料费</td><td>机械费</td><td>管理费和利润</td><td>人工费</td><td>材料费</td><td>机械费</td><td>管理费和利润</td></tr>
<tr><td>DC0439</td><td>板式橡胶支座</td><td>100cm³</td><td>13.2432</td><td>1.70</td><td>2.11</td><td>8.00</td><td></td><td>0.36</td><td>27.94</td><td>105.95</td><td></td><td>4.77</td></tr>
<tr><td colspan="2"></td><td colspan="7">小　计</td><td>27.94</td><td>105.95</td><td></td><td>4.77</td></tr>
<tr><td colspan="9">清单项目综合单价</td><td colspan="4">138.66</td></tr>
<tr><td colspan="2" rowspan="5">材料费明细</td><td colspan="3">主要材料名称、规格、型号</td><td colspan="2">单位</td><td colspan="2">数量</td><td>单价（元）</td><td>合价（元）</td><td>暂估单价（元）</td><td>暂估合价（元）</td></tr>
<tr><td colspan="3">板式橡胶支座</td><td colspan="2">100cm³</td><td colspan="2">13.2432</td><td>8.00</td><td>105.95</td><td></td><td></td></tr>
<tr><td colspan="7">其他材料费</td><td>—</td><td></td><td>—</td><td></td></tr>
<tr><td colspan="7">材料费小计</td><td>—</td><td>105.95</td><td>—</td><td></td></tr>
<tr><td colspan="11"></td></tr>
</table>

注：1. 本项目综合单价根据 2015 版《四川省建设工程工程量清单计价定额——市政工程》计算；

2. 人工费上调系数为 21.02%；

3. 材料单价参照《四川省工程造价信息》2015 年第 12 期确定。

表 9-20

分部分项工程量清单综合单价分析表

工程名称：××市政桥涵工程　　　　第 11 页　共 11 页

项目编码		040309004001		项目名称			混凝土其他构件		计量单位	m^3	工程量	0.66
清单综合单价组成明细												
定额编号	定额项目名称	定额单位	数量	单价					合价			
				定额人工费	人工费	材料费	机械费	管理费和利润	人工费	材料费	机械费	管理费和利润
DC0123 换	防震挡块 商品混凝土 C25	10m^3	0.1	434.25	538.47	3458.33	16.10	110.34	53.85	345.83	1.61	11.03
		小计							53.85	345.83	1.61	11.03
清单项目综合单价									412.32			
材料费明细		主要材料名称、规格、型号			单位		数量		单价（元）	合价（元）	暂估单价（元）	暂估合价（元）
		商品混凝土 C30			m^3		1.005		340.00	341.70		
		水			m^3		0.401		3.35	1.34		
		其他材料费							—	2.79	—	
		材料费小计							—	345.83	—	

注：1. 本项目综合单价根据 2015 版《四川省建设工程工程量清单计价定额——市政工程》计算；

2. 人工费上调系数为 21.02%；

3. 材料单价参照《四川省工程造价信息》2015 年第 12 期确定。

单价措施项目综合单价分析表

表 9-21

工程名称：××市政桥涵工程　　　　第1页　共8页

项目编码	041102003001			项目名称	承台模板			计量单位	m²	工程量	82.17
清单综合单价组成明细											
定额编号	定额项目名称	定额单位	数量	单价				合价			
				人工费	材料费	机械费	管理费和利润	人工费	材料费	机械费	管理费和利润
DL0019	承台模板	$10m^2$	0.1	200.77	218.92	21.01	34.38	20.08	21.89	2.10	3.44
	小计							20.08	21.89	2.10	3.44
清单项目综合单价								47.51			

材料费明细	主要材料名称、规格、型号	单位	数量	单价（元）	合价（元）	暂估单价（元）	暂估合价（元）
	锯材 综合	m^3	0.005	2300.00	11.50		
	复合模板	m^2	0.2468	28.00	6.91		
	铁件	kg	0.163	4.50	0.73		
	摊销卡具和支撑钢材	kg	0.475	4.50	2.14		
	其他材料费			—	0.61	—	
	材料费小计			—	21.89	—	

注：1. 本项目综合单价根据2015版《四川省建设工程工程量清单计价定额——市政工程》计算；

2. 材料单价参照《四川省工程造价信息》2015年第12期确定。

单价措施项目综合单价分析表

表 9-22

工程名称：××市政桥涵工程　　　　第 2 页　共 8 页

项目编码		041102004001		项目名称		台帽模板		计量单位	m^2	工程量	17.30
清单综合单价组成明细											
定额编号	定额项目名称	定额单位	数量	单价				合价			
				人工费	材料费	机械费	管理费和利润	人工费	材料费	机械费	管理费和利润
DL0025	台帽模板	$10m^2$	0.1	215.44	210.80	30.16	38.76	21.54	21.08	3.02	3.88
		小计						21.54	21.08	3.02	3.88
清单项目综合单价								49.52			
材料费明细		主要材料名称、规格、型号				单位	数量	单价（元）	合价（元）	暂估单价（元）	暂估合价（元）
		锯材 综合				m^3	0.005	2300.00	11.50		
		复合模板				m^2	0.2468	28.00	6.91		
		摊销卡具和支撑钢材				kg	0.475	4.50	2.14		
		其他材料费						—	0.53	—	
		材料费小计						—	21.08	—	

注：1. 本项目综合单价根据 2015 版《四川省建设工程工程量清单计价定额——市政工程》计算；

2. 材料单价参照《四川省工程造价信息》2015 年第 12 期确定。

单价措施项目综合单价分析表

表 9-23

工程名称：××市政桥涵工程　　　　第 3 页　共 8 页

项目编码	041102005001	项目名称	台身模板	计量单位	m^2	工程量	100.88

清单综合单价组成明细

定额编号	定额项目名称	定额单位	数量	单价				合价			
				人工费	材料费	机械费	管理费和利润	人工费	材料费	机械费	管理费和利润
DL0027	台身模板	$10m^2$	0.1	245.95	209.48	47.60	46.60	24.60	20.95	4.76	4.66
	小计							24.60	20.95	4.76	4.66
清单项目综合单价								54.96			

材料费明细	主要材料名称、规格、型号	单位	数量	单价（元）	合价（元）	暂估单价（元）	暂估合价（元）
	锯材 综合	m^3	0.005	2300.00	11.50		
	复合模板	m^2	0.2468	28.00	6.91		
	摊销卡具和支撑钢材	kg	0.475	4.50	2.14		
	其他材料费			—	0.40	—	
	材料费小计			—	20.95	—	

注：1. 本项目综合单价根据 2015 版《四川省建设工程工程量清单计价定额——市政工程》计算；

2. 材料单价参照《四川省工程造价信息》2015 年第 12 期确定。

单价措施项目综合单价分析表

表 9-24

工程名称：××市政桥涵工程　　　　第 4 页　共 8 页

项目编码		041102006001		项目名称		支撑梁模板		计量单位	m^2	工程量	82.17
清单综合单价组成明细											
定额编号	定额项目名称	定额单位	数量	单价				合价			
				人工费	材料费	机械费	管理费和利润	人工费	材料费	机械费	管理费和利润
DL0041	支撑梁模板	$10m^2$	0.1	208.08	189.75	0.28	32.30	20.81	18.98	0.03	3.23
		小　计						20.81	18.98	0.03	3.23
清单项目综合单价								43.04			
材料费明细		主要材料名称、规格、型号				单位	数量	单价（元）	合价（元）	暂估单价（元）	暂估合价（元）
		锯材 综合				m^3	0.005	2300.00	11.50		
		复合模板				m^2	0.2468	28.00	6.91		
		其他材料费						—	0.57	—	
		材料费小计						—	18.98	—	

注：1. 本项目综合单价根据 2015 版《四川省建设工程工程量清单计价定额——市政工程》计算；

2. 材料单价参照《四川省工程造价信息》2015 年第 12 期确定。

单价措施项目综合单价分析表 **表 9-25**

工程名称：××市政桥涵工程 第 5 页 共 8 页

项目编码		041102007001		项目名称		墩盖梁模板		计量单位	m^2	工程量	52.66
清单综合单价组成明细											
定额编号	定额项目名称	定额单位	数量	单价				合价			
				人工费	材料费	机械费	管理费和利润	人工费	材料费	机械费	管理费和利润
DL0043	墩盖梁模板	10m^2	0.1	320.00	259.36	99.90	67.40	32.00	25.94	9.99	6.74
		小计						32.00	25.94	9.99	6.74
清单项目综合单价								74.67			
材料费明细		主要材料名称、规格、型号			单位		数量	单价（元）	合价（元）	暂估单价（元）	暂估合价（元）
		锯材 综合			m^3		0.0072	2300.00	16.56		
		复合模板			m^2		0.2468	28.00	6.91		
		摊销卡具和支撑钢材			kg		0.475	4.50	2.14		
		其他材料费						—	0.33	—	
		材料费小计						—	25.94	—	

注：1. 本项目综合单价根据 2015 版《四川省建设工程工程量清单计价定额——市政工程》计算；

2. 材料单价参照《四川省工程造价信息》2015 年第 12 期确定。

单价措施项目综合单价分析表

表 9-26

工程名称：××市政桥涵工程　　　　第 6 页　共 8 页

项目编码		041102012001		项目名称		柱模板		计量单位	m^2	工程量	47.75
清单综合单价组成明细											
定额编号	定额项目名称	定额单位	数量	单价				合价			
				人工费	材料费	机械费	管理费和利润	人工费	材料费	机械费	管理费和利润
DL0035	柱模板	$10m^2$	0.1	246.02	260.14	99.90	55.94	24.60	26.01	9.99	5.59
		小　计						24.60	26.01	9.99	5.59
清单项目综合单价								66.20			
材料费明细		主要材料名称、规格、型号				单位	数量	单价（元）	合价（元）	暂估单价（元）	暂估合价（元）
		锯材 综合				m^3	0.0072	2300.00	16.56		
		复合模板				m^2	0.2468	28.00	6.91		
		摊销卡具和支撑钢材				kg	0.475	4.50	2.14		
		其他材料费						—	0.61	—	
		材料费小计						—	21.89	—	

注：1. 本项目综合单价根据2015版《四川省建设工程工程量清单计价定额——市政工程》计算；

2. 材料单价参照《四川省工程造价信息》2015年第12期确定。

单价措施项目综合单价分析表

表 9-27

工程名称：××市政桥涵工程　　　　第 7 页　共 8 页

项目编码		041102014001		项目名称		板模板		计量单位	m^2	工程量	917.15
清单综合单价组成明细											
定额编号	定额项目名称	定额单位	数量	单价				合价			
				人工费	材料费	机械费	管理费和利润	人工费	材料费	机械费	管理费和利润
DL0070	板模板	10m^2	0.1	231.55	238.27	37.64	42.59	23.16	23.83	3.76	4.26
		小　计						23.16	23.83	3.76	4.26
清单项目综合单价								55.01			
材料费明细		主要材料名称、规格、型号			单位		数量	单价（元）	合价（元）	暂估单价（元）	暂估合价（元）
		锯材 综合			m^3		0.0072	2300.00	16.56		
		复合模板			m^2		0.2468	28.00	6.91		
		其他材料费						—	0.36	—	
		材料费小计						—	23.83	—	

注：1. 本项目综合单价根据 2015 版《四川省建设工程工程量清单计价定额——市政工程》计算；

2. 材料单价参照《四川省工程造价信息》2015 年第 12 期确定。

单价措施项目综合单价分析表

表 9-28

工程名称：××市政桥涵工程　　　　第 8 页　共 8 页

项目编码		041102021001		项目名称		挡块模板		计量单位	m²	工程量	2.44
清单综合单价组成明细											
定额编号	定额项目名称	定额单位	数量	单价				合价			
				人工费	材料费	机械费	管理费和利润	人工费	材料费	机械费	管理费和利润
DL0096	挡块模板	10m²	0.1	206.05	120.65	0.28	31.98	20.61	12.07	0.03	3.20
		小计						20.61	12.07	0.03	3.20
清单项目综合单价								35.90			
材料费明细		主要材料名称、规格、型号				单位	数量	单价（元）	合价（元）	暂估单价（元）	暂估合价（元）
		锯材 综合				m³	0.002	2300.00	4.60		
		复合模板				m²	0.2468	28.00	6.91		
		其他材料费						—	0.56	—	
		材料费小计						—	12.07	—	

注：1. 本项目综合单价根据 2015 版《四川省建设工程工程量清单计价定额——市政工程》计算；

2. 材料单价参照《四川省工程造价信息》2015 年第 12 期确定。

任务3 编制分部分项工程量清单与计价表和单价措施项目清单与计价表

1. 实训目的

（1）能根据施工图纸和清单计价、工程量计算规范，结合项目实际情况科学合理地编制分部分项工程量清单与计价表；

（2）能根据施工图纸和清单计价、工程量计算规范，结合项目实际情况科学合理地编制单价措施项目清单与计价表。

2. 实训内容

（1）编制分部分项工程量清单与计价表

根据设计施工图纸，编制要求和招标文件相关规定，参照《建设工程工程量清单计价规范》GB 50500—2013、《市政工程工程量计算规范》GB 50857—2013，并结合工程项目的实际情况编制分部分项工程量清单与计价表。

（2）编制单价措施项目清单与计价表

根据设计施工图纸，编制要求和招标文件相关规定，参照《建设工程工程量清单计价规范》GB 50500—2013、《市政工程工程量计算规范》GB 50857—2013，并结合工程项目的实际情况编制单价措施项目清单与计价表。

3. 实训步骤与指导

当确定了分部分项工程项目的综合单价后，将其填入分部分项工程量清单与计价表中，与招标工程量清单（或招标控制价）中所提供的工程量相乘，得到每个分部分项工程项目清单的合价。

投标人不得擅自修改工程量清单中的工程量，即使招标工程量清单和招标控制价中提供的工程量有误，也应由招标人负责。将这些清单项目的合价汇总，即得投标报价中的分部分项工程费。

投标报价中的单价措施项目费，也需先确定综合单价。其步骤同上述分部分项工程综合单价的确定，此处不再赘述。

4. 实训成果

（1）编制分部分项工程量清单与计价表

分部分项工程量清单与计价表详见表9-29。

表格中的定额人工费的具体计算过程如下：

定额人工费＝数量×单价中定额人工费×清单工程量

泥浆护壁成孔灌注桩项目的定额人工费＝0.1×(1189.24＋327.66)×353.58＝53634.55元

混凝土承台项目的定额人工费＝0.1×301.65×38.84＝1171.80元

混凝土连系梁项目的定额人工费＝0.1×402.75×15.31＝616.69元

混凝土台身项目的定额人工费＝0.1×301.05×33.66＝1013.50元

混凝土墩身项目的定额人工费＝0.1×414.75×11.94＝495.27元

分部分项工程清单与计价表

表 9-29

序号	项目编码	项目名称	项目特征	计量单位	工程量	金额（元）		
						综合单价	合价	定额人工费
1	040301004001	灌注桩	1. 地层情况：详见地勘报告 2. 桩长：详见施工图 3. 桩径：120cm 4. 成孔方法：正循环回旋钻孔 5. 混凝土种类、强度等级：C25 商品混凝土	m^3	353.58	921.19	325714.36	56634.55
2	040303003001	混凝土承台	1. 混凝土强度等级：C30 商品混凝土	m^3	38.84	390.55	15168.96	1171.80
3	040303023001	混凝土连系梁	1. 形状：详见施工图 2. 混凝土强度等级：C30 商品混凝土	m^3	15.31	408.11	6248.16	616.69
4	040303005001	混凝土台身	1. 部位：0 号和 3 号桥台 2. 混凝土强度等级：C30 商品混凝土	m^3	33.66	390.57	13146.59	1013.50
5	040303005002	混凝土墩身	1. 部位：1 号和 2 号桥墩 2. 混凝土强度等级：C30 商品混凝土	m^3	11.94	407.40	4864.36	495.27
6	040303004001	混凝土台帽	1. 部位：0 号和 3 号桥台 2. 混凝土强度等级：C30 商品混凝土	m^3	6.90	406.97	2808.09	280.83
7	040303007001	混凝土墩盖梁	1. 部位：0 号和 3 号桥台 2. 混凝土强度等级：C30 商品混凝土	m^3	20.61	406.72	8382.50	838.83
8	040303012001	混凝土连续板	1. 部位：桥跨结构 2. 结构形式：空心连续板梁 3. 混凝土强度等级：C50 商品混凝土	m^3	70.70	479.83	33923.98	3385.12
9	040303019001	桥面铺装	1. 混凝土强度等级：C30 商品混凝土 2. 厚度：13cm	m^2	441.41	54.19	23920.01	1977.52
10	040309004001	橡胶支座	1. 材质：橡胶板 2. 规格、型号：详见施工图——桥梁立面图	个	74	138.66	10260.84	1665.74
11	040303024001	混凝土其他构件	1. 部位：桥台和盖梁防震挡块 2. 混凝土强度等级：C30 商品混凝土	m^3	0.66	412.32	272.13	28.66
合计							444709.98	65108.51

混凝土台帽项目的定额人工费＝0.1×406.95×6.9＝280.83 元
混凝土墩盖梁项目的定额人工费＝0.1×406.95×20.61＝838.83 元
混凝土连续板项目的定额人工费＝0.1×478.80×70.70＝3385.12 元
桥面铺装项目的定额人工费＝0.013×344.55×441.41＝1977.52 元
橡胶支座项目的定额人工费＝13.24×1.7×74＝1665.74 元
混凝土其他构件项目的定额人工费＝0.1×434.25×0.66＝28.66 元

(2) 编制单价措施项目清单与计价表

单价措施项目清单与计价表见表 9-30。

承台模板项目定额人工费＝0.1×200.77×82.17＝1649.97 元
台帽模板项目定额人工费＝0.1×215.44×17.3＝372.64 元
台身模板项目定额人工费＝0.1×245.95×100.88＝2481.65 元
支撑梁模板项目定额人工费＝0.1×208.08×43.68＝908.98 元
墩盖梁模板项目定额人工费＝0.1×320.00×52.66＝1685.12 元
柱模板项目定额人工费＝0.1×246.02×47.75＝1174.65 元
板模板项目定额人工费＝0.1×231.55×917.15＝21241.19 元
小型构件模板项目定额人工费＝0.1×215.44×82.17＝15.02 元

单价措施项目清单与计价表 **表 9-30**

序号	项目编码	项目名称	项目特征	计量单位	工程量	金额（元）		
						综合单价	合价	定额人工费
1	041102003001	承台模板	构件类型：现浇混凝土构件	m^2	82.17	47.51	3903.90	1649.97
2	041102004001	台帽模板	1. 构件类型 ：现浇混凝土构件 2. 支模高度：约 11m	m^2	17.30	49.52	856.70	372.64
3	041102005001	台身模板	1. 构件类型 ：现浇混凝土构件 2. 支模高度：11m 以内	m^2	100.88	54.96	5544.36	2481.65
4	041102006001	支撑梁模板	1. 构件类型 ：现浇混凝土构件 2. 支模高度：4m 以内	m^2	43.68	43.04	1879.99	908.98
5	041102007001	墩盖梁模板	1. 构件类型 ：现浇混凝土构件 2. 支模高度：9m 以内	m^2	52.66	74.67	3932.12	1685.12
6	041102012001	柱模板	1. 构件类型 ：现浇混凝土构件 2. 支模高度：9m 以内	m^2	47.75	66.20	3161.05	1174.65
7	041102014001	板模板	1. 构件类型 ：现浇混凝土构件 2. 支模高度：10m 以内	m^2	917.15	55.01	50452.42	21241.19
8	041102021001	挡块模板	构件类型 ：现浇混凝土构件	m^2	2.44	35.90	87.60	50.29
		小　计					69818.14	29564.49
合　计							69818.14	29564.49

任务4　编制总价措施项目清单与计价表和其他项目清单与计价表

1. 实训目的

（1）能根据施工图纸和清单计价、工程量计算规范，结合项目实际情况科学合理地编制总价措施项目清单与计价表；

（2）能根据施工图纸和清单计价、工程量计算规范，结合项目实际情况科学合理地编制其他项目清单与计价表。

2. 实训内容

（1）编制总价措施项目清单与计价表

根据设计施工图纸，编制要求和招标文件相关规定，参照《建设工程工程量清单计价规范》GB 50500—2013、《市政工程工程量计算规范》GB 50857—2013，并结合工程项目的实际情况编制总价措施项目清单与计价表。

（2）编制其他项目项目清单与计价表

根据设计施工图纸，编制要求和招标文件相关规定，参照《建设工程工程量清单计价规范》GB 50500—2013、《市政工程工程量计算规范》GB 50857—2013，并结合工程项目的实际情况编制其他项目清单与计价表。

3. 实训步骤与指导

总价措施项目费可以采取直接给定总价的形式，也可以采取相关计费基础乘费率的形式。

其他项目费由暂列金额、暂估价、计日工费用和总承包服务费四部分组成。确定投标报价中其他项目费，相关的一些概念在前面内容已经提到，这里主要讲述确定费用过程中的一些注意事项。

（1）暂列金额

由招标人填写，投标人只需将上述暂列金额计入投标总价中。

（2）暂估价

暂估价所包含的材料（工程设备）暂估价由招标人填写，投标人只需将其列入分部分项工程清单与计价表中。

暂估价所包含的专业工程暂估价由招标人填写，投标人只需将其计入投标总价中。

（3）计日工

计日工的单价由投标人自主报价，用单价与招标工程量清单相乘，计算出的合价计入投标总价中。

（4）总承包服务费

总承包服务费的费率和金额由投标人自主报价，计入投标总价中。

4. 实训成果

总价措施项目清单计价表见表9-31。

总价措施项目费 **表 9-31**

序号	项目名称	计算基础	费率（%）	金额（元）
1	安全文明施工			15109.81
1.1	环境保护费	分部分项定额人工费＋单价措施项目定额人工费	0.4	378.69
1.2	文明施工费	分部分项定额人工费＋单价措施项目定额人工费	3.48	3294.62
1.3	安全施工费	分部分项定额人工费＋单价措施项目定额人工费	5.26	4979.80
1.4	临时设施费	分部分项定额人工费＋单价措施项目定额人工费	6.82	6456.70
2	夜间施工费	分部分项定额人工费＋单价措施项目定额人工费	0.8	757.38
3	二次搬运费	分部分项定额人工费＋单价措施项目定额人工费	0.4	378.69
4	冬雨期施工增加费	分部分项定额人工费＋单价措施项目定额人工费	0.6	568.04
合　计				16813.92

各总价措施项目费的计算基础＝分部分项定额人工费

＋单价措施项目定额人工费

＝65108.51＋29564.49＝94673.00元

本例的其他项目费中，考虑暂列金额、暂估价、计日工和总承包服务费四项费用。其他项目清单计价表见表9-32。专业工程暂列金额明细表见表9-33；专业工程暂估价明细表见表9-34；计日工明细表见表9-35；总承包服务费明细表见表9-36。

其他项目清单计价表 **表 9-32**

序号	项 目 名 称	金额（元）	备注
1	暂列金额	44471.00	明细详见表9-33
2	暂估价	5000.00	
2.1	材料（工程设备）暂估价		
2.2	专业工程暂估价	5000.00	明细详见表9-34
3	计日工	5000.00	明细详见表9-35
4	总承包服务费	3000.00	明细详见表9-36
合计		62471.00	—

专业工程暂列金额明细表 **表 9-33**

序号	项目名称	计算基础	费率	金额
1	暂列金额	分部分项工程费合价	10%	44471.00
合　计				44471.00

专业工程暂估价明细表 **表 9-34**

序号	项目名称	工程内容	暂估金额（元）
1	暂估价	地基堆载预压及搭设外架	5000.00
合　计			5000.00

计日工明细表　　表 9-35

序号	项目名称	单位	暂定数量	实际数量	综合单价（元）	合价（元）	
						暂定	实际
一	人工						
1	普工	工日	5		80.00	400.00	
2	技工	工日	14		100.00	1400.00	
人工小计							
二	材料						
1	钢筋	t	0.2		4000.00	800.00	
2	水泥 42.5	t	2		500.00	1000.00	
材料小计							
三	施工机械						
1	自升式塔吊起重机	台班	1		1200.00	1200.00	
2	灰浆搅拌机	台班	10		20.00	200.00	
施工机械小计						5000.00	

总承包服务费　　表 9-36

序号	项目名称	项目价值	服务内容	计算基础	费率（%）	金额（元）
1	发包人发包专业工程	10000.00	按专业工程承包人的要求提供施工工作面并对施工现场进行统一管理	10000.00	3	3000.00

任务5　编制规费项目清单与计价表和税金项目清单与计价表

1. 实训目的

(1) 能根据清单计价、工程量计算规范，结合项目实际情况科学合理地编制规费项目清单与计价表；

(2) 能根据清单计价、工程量计算规范，结合项目实际情况科学合理地编制税金项目清单与计价表。

2. 实训内容

(1) 编制规费项目清单与计价表

根据设计施工图纸，编制要求和招标文件相关规定，参照《建设工程工程量清单计价规范》GB 50500—2013、《市政工程工程量计算规范》GB 50857—2013，并结合工程项目的实际情况编制规费项目清单与计价表。

(2) 编制税金项目清单

根据设计施工图纸，编制要求和招标文件相关规定，参照《建设工程工程量清单计价规范》GB 50500—2013、《市政工程工程量计算规范》GB 50857—2013，并结合工程项目的实际情况编制税金项目清单与计价表。

3. 实训步骤与指导

投标人在投标报价时必须按照国家或省级建设主管部门的有关规定计算规费和税金。

地方政府会明确规费计算相应的计算基数和计算费率，各工程项目按规定执行即可。例如：2015 版《四川省建设工程工程量清单计价定额》中，在建筑安装工程费用的费用计算内容中明确规定："编制投标报价时，规费按投标人持有的《四川省施工企业工程规费计取标准》证书中核定标准计取，不得纳入投标竞争的范围。投标人未持有《四川省施工企业工程规费计取标准》证书，规费标准有幅度的，按规费标准下限计取。"

税金是按照国家层面的税法计算原则来统一计算的。在一个相对较长的时间内，税金的计算具有权威性和稳定性。例如：现阶段我国建筑行业的工程项目税金均实行增值税的计算模式。

投标报价的汇总过程根据"住房城乡建设部 财政部关于印发《建筑安装工程费用项目组成》的通知"（建标〔2013〕44 号）的投标报价计价程序进行汇总，具体内容参见表 9-37。

投标报价计价程序 **表 9-37**

序号	内　容	计算方法	金额（元）
1	分部分项工程费	自主报价	
2	措施项目费	自主报价	
	其中：安全文明施工费	按规定标准计算	
3	其他项目费		
	其中：暂列金额	按招标文件提供金额计列	
	其中：专业工程暂估价	按招标文件提供金额计列	
	其中：计日工	自主报价	
	其中：总承包服务费	自主报价	
4	规费	按规定标准计算	
5	税金	（1＋2＋3＋4）×规定税率	
投标报价合计＝1＋2＋3＋4＋5			

实际投标报价中，应当注意下列两点：

（1）投标人在进行工程量清单招标的投标时，不能进行投标总价优惠、降价或让利；

（2）投标人可以对投标报价进行单价的优惠、降价或让利，但这些均应反映在相应清单项目的综合单价中。

4. 实训成果

根据《四川省住房和城乡建设厅关于印发〈建筑业营业税改征增值税四川省建设工程计价依据调整办法〉的通知（川建造价发〔2016〕349 号）》的相关规定，将表 9-29 分部分项工程清单与计价表和表 9-30 单价措施项目清单与计价表进行调整，调整内容包含上述两表中的"综合单价"和"合价"。调整后的分部分项工程项目清单与计价表见表 9-38，调整后的单价措施项目清单与计价表见表 9-39。

调整后的分部分项工程清单与计价表　　表 9-38

序号	项目编码	项目名称	项　目　特　征	计量单位	工程量	金额（元）		
						综合单价	合价	定额人工费
1	040301004001	灌注桩	1. 地层情况：详见地勘报告 2. 桩长：详见施工图 3. 桩径：120cm 4. 成孔方法：正循环回旋钻孔 5. 混凝土种类、强度等级：C25 商品混凝土	m^3	353.58	908.61	321266.32	56634.55
2	040303003001	混凝土承台	1. 混凝土强度等级：C30 商品混凝土	m^3	38.84	390.86	15181.00	1171.80
3	040303023001	混凝土连系梁	1. 形状：详见施工图 2. 混凝土强度等级：C30 商品混凝土	m^3	15.31	408.53	6254.60	616.69
4	040303005001	混凝土台身	1. 部位：0 号和 3 号桥台 2. 混凝土强度等级：C30 商品混凝土	m^3	33.66	390.83	13155.34	1013.50
5	040303005002	混凝土墩身	1. 部位：1 号和 2 号桥墩 2. 混凝土强度等级：C30 商品混凝土	m^3	11.94	407.80	4869.13	495.27
6	040303004001	混凝土台帽	1. 部位：0 号和 3 号桥台 2. 混凝土强度等级：C30 商品混凝土	m^3	6.90	406.39	2804.09	280.83
7	040303007001	混凝土墩盖梁	1. 部位：0 号和 3 号桥台 2. 混凝土强度等级：C30 商品混凝土	m^3	20.61	407.12	8390.74	838.83
8	040303012001	混凝土连续板	1. 部位：桥跨结构 2. 结构形式：空心连续板梁 3. 混凝土强度等级：C50 商品混凝土	m^3	70.70	480.28	33955.80	3385.12
9	040303019001	桥面铺装	1. 混凝土强度等级：C30 商品混凝土 2. 厚度：13cm	m^2	441.41	54.22	23933.25	1977.52
10	040309004001	橡胶支座	1. 材质：橡胶板 2. 规格、型号：详见施工图——桥梁立面图	个	74	138.90	10278.60	1665.74
11	040303024001	混凝土其他构件	1. 部位：桥台和盖梁防震挡块； 2. 混凝土强度等级：C30 商品混凝土	m^3	0.66	412.76	272.42	28.66
合　计							440361.29	65108.51

调整后的单价措施项目清单与计价表 **表 9-39**

序号	项目编码	项目名称	项目特征	计量单位	工程量	金额（元）		
						综合单价	合价	定额人工费
1	041102003001	承台模板	构件类型：现浇混凝土构件	m^2	82.17	47.53	3905.54	1649.97
2	041102004001	台帽模板	1. 构件类型：现浇混凝土构件 2. 支模高度：约 11m	m^2	17.30	49.50	856.35	372.64
3	041102005001	台身模板	1. 构件类型：现浇混凝土构件 2. 支模高度：11m 以内	m^2	100.88	54.86	5534.28	2481.65
4	041102006001	支撑梁模板	1. 构件类型：现浇混凝土构件 2. 支模高度：4m 以内	m^2	43.68	43.21	1887.41	908.98
5	041102007001	墩盖梁模板	1. 构件类型：现浇混凝土构件 2. 支模高度：9m 以内	m^2	52.66	74.29	3912.11	1685.12
6	041102012001	柱模板	1. 构件类型：现浇混凝土构件 2. 支模高度：9m 以内	m^2	47.75	65.75	3139.56	1174.65
7	041102014001	板模板	1. 构件类型：现浇混凝土构件 2. 支模高度：10m 以内	m^2	917.15	54.95	50397.39	21241.19
8	041102021001	挡块模板	构件类型：现浇混凝土构件	m^2	2.44	36.07	88.01	50.29
合计							69720.66	29564.49

规费、税金项目清单计价表详见表9-40。本例规费的计算费率按照2015版《四川省建设工程工程量清单计价定额》的费用计算办法中给定的规费计算费率的上限记取。税率按建筑行业增值税的计算税率10%计算。

规费、税金清单项目计价表　　表9-40

序号	项目名称	计算基础	计算费率（%）	金额（元）
1	规费			14200.96
1.1	社会保险费			11076.75
(1)	养老保险费	分部分项定额人工费＋措施项目定额人工费	7.5	7100.48
(2)	失业保险费	分部分项定额人工费＋措施项目定额人工费	0.6	568.04
(3)	医疗保险费	分部分项定额人工费＋措施项目定额人工费	2.7	2556.17
(4)	工伤保险费	分部分项定额人工费＋措施项目定额人工费	0.7	662.71
(5)	生育保险费	分部分项定额人工费＋措施项目定额人工费	0.2	189.35
1.2	住房公积金	分部分项定额人工费＋措施项目定额人工费	3.3	3124.21
1.3	工程排污费	按工程所在地环境保护部门收取标准，按实计入		
2	税金	分部分项工程费＋措施项目工程费＋其他项目费＋规费	10	58556.78

招标控制价计价汇总表详见表9-41，工程的主要材料数量汇总表详见表9-42。

招标控制价计价汇总表　　表9-41

序　号	内　　容	金额（元）
1	分部分项工程费	440361.29
2	措施项目费	86534.58
2.1	总价措施项目费	16813.92
	其中：安全文明施工费	15109.81
2.2	单价措施项目费	69720.66
3	其他项目费	44471.00
	其中：暂列金额	44471.00
4	规费	14200.96
5	增值税税金	58556.78
招标控制价合计＝1＋2＋3＋4＋5		644124.61

主要材料数量汇总表　　表9-42

序号	名称、规格、型号	单　位	数　量
1	柴油（机械）	kg	708.752
2	水	m^3	992.872
3	二等锯材	m^3	3.253
4	膨润土	m^3	7071.60
5	电焊条	m	387.736
6	商品混凝土C25	m^3	422.528

续表

序号	名称、规格、型号	单　位	数　量
7	商品混凝土 C30	kg	186.227
8	商品混凝土 C50	m^3	71.054
9	板式橡胶支座	m^3	980.00
10	锯材 综合	m^3	8.551
11	复核模板	套	311.963
12	铁件	个	13.394
13	摊销卡具和支撑钢材	m^3	142.981

任务 6　编制市政工程投标报价总说明

1. 实训目的

能根据工程背景资料，结合编制清单控制价主体内容，编制市政工程投标报价的总说明。要求语言精练，逻辑清晰。

2. 实训内容

根据自己编制过程中积累的经验，结合案例工程的示范，编制市政工程投标报价的总说明。

3. 实训步骤与指导

编制投标报价说明的要点与招标工程量清单的说明大致类似。投标人仍然应对相关价格确定的依据作详细说明。例如：人工、材料、机械台班的价格水平是参照投标人的企业定额或是参照同行业其他企业的先进水平；计日工的单价水平如何确定；总承包服务费的计算依据和费率如何确定等。

4. 实训成果

根据以下案例工程，进行市政工程投标报价总说明的编制，见表 9-43。

投标报价总说明　　表 9-43

1. 工程概况

某市政桥涵工程，桥梁采用预应力空心板连续梁桥，全长约 58m；桥梁基础采用桩基础，下部结构为两侧轻型桥台搭配中部柱式桥墩及盖梁；预应力空心板梁由 5 块中板加 2 块边板构成，上铺混凝土铺装层。本工程仅考虑所提供的施工图的相关内容，不考虑桥梁结构钢筋和图纸未涉及的相关细部构造。

2. 工程招标和分包范围

本工程按施工图纸范围招标。工程项目均采用施工总承包。

3. 招标控制价编制依据

（1）《建设工程工程量清单计价规范》GB 50500—2013

（2）××设计研究院设计的《××市政工程管网建设项目施工图》

（3）2015 版《四川省建设工程工程量清单计价定额》

4. 工程、材料、施工等的特殊要求

（1）工程施工组织及管理满足《城市桥梁工程施工与质量验收规范》CJJ 2—2008 的要求。

续表

(2) 工程质量满足《城市桥梁工程施工与质量验收规范》CJJ 2—2008 的要求。 5. 其他需要说明的问题 (1) 本工程人工费价格按 2015 版《四川省建设工程工程量清单计价定额》人工费取定。 (2) 材料价格参照《四川省工程造价信息》2015 年第 12 期确定。

任务 7　填写封面及装订

1. 实训目的

(1) 能口述市政工程投标报价封面上各栏目的具体含义；

(2) 能根据工程实际情况填写工程投标报价封面；

(3) 能对市政工程投标报价在编制过程中所产生的成果文件进行整理和装订；

(4) 能对市政工程投标报价在编制过程所产生的底稿文件进行整理和存档。

2. 实训内容

(1) 根据设计施工图纸，编制要求和招标文件相关规定，结合工程实际填写市政工程投标报价封面；

(2) 根据编制要求、招标文件相关规定和《建设工程工程量清单计价规范》GB 50500—2013，对编制过程中的所有成果文件进行整理和装订；

(3) 以积累资料、丰富经验为目的，对编制过程中产生的底稿文件进行整理和存档。

3. 实训步骤与指导

完整的投标报价封面应包括工程名称、招标人、造价咨询人（若招标人委托则有）的名称；招标人、造价咨询人（若招标人委托则有）的法定代表人或其授权人的签章；具体编制人和复核人的签章；具体的编制时间和复核时间。招标控制价封面上应写明工程招标控制价的“大写金额”和“小写金额”。

根据《建设工程工程量清单计价规范》GB 50500—2013，最终形成的投标报价按相应顺序排列应为：①工程项目投标总价封面；②工程项目投标总价扉页；③工程项目计价总说明；④单项工程投标报价汇总表；⑤单位工程投标报价汇总表；⑥分部分项工程和单价措施项目清单与计价表；⑦总价措施项目清单与计价表；⑧其他项目清单与计价表；⑨暂列金额明细表；⑩专业工程暂估价表；⑪计日工表；⑫总承包服务费表；⑬规费、税金项目表。

将上述相关表格文件装订成册，即为完整的投标报价文件。

在编制过程中产生的底稿文件主要包括定额工程量计算表、针对性施工方案等，上述资料也应整理和归档，留存电子版或纸质版，以备项目后期参照。

4. 实训成果

实训成果见表 9-44。

投标报价封面　　　　表 9-44

××市政桥梁工程项目　工程

投 标 报 价

招标控制价(小写)：644125 元

(大写)：陆拾肆万肆仟壹佰贰拾伍元

招　标　人：________
(单位盖章)

造价咨询人：________
(单位资质专用章)

法定代表人
或其授权人：________
(签字或盖章)

法定代表人
或其授权人：________
(签字或盖章)

全 国 建 设 工 程 造 价 员
×××　　市政064111×××
×××市工程咨询有限责任公司
有效期至：2019 年 10 月 20 日

编　制　人：________
(造价人员签字盖专用章)

复　核　人：________
(造价工程师签字盖专用章)

编制时间：

复核时间：

封-2

〔实训考评〕

编制市政工程招标控制价的项目实训考评应包含实训考核和实训评价两个方面。

1. 实训考核

实训考核是指实训教师在指导学生完成该项目时的具体考察核定方法，应从实训组织、实训方法以及实训时间安排三个方面来体现。具体内容详见表 9-45。

实训考核措施及原则　　　　**表 9-45**

	实训组织	实训方法	实训时间安排	
措施	划分实训小组 构建实训团队	手工计算 软件计算	内容	时间（天）
原则	学生自愿 人数均衡 团队分工明确 分享机制	两种方法任选其一 两种方法互相验证	拟定针对性施工方案，确定合同条款	1
			计算定额工程量，确定综合单价	4
			编制分部分项工程项目及单价措施项目清单与计价表	2
			编制总价措施项目清单与计价表	0.5
			编制其他项目清单与计价表	1
			编写规费及税金项目清单与计价表	0.5
			编制投标报价总说明及填写封面	0.5
			投标报价整理、复核、装订	0.5

2. 实训评价

实训评价主要分为小组自评和教师评价两种方式，具体的评价办法参见表 9-46。

实训评价方式　　　　**表 9-46**

评价方式	项目	具体内容	满分分值	占比
小组自评（20%）	专业技能		12	60%
	团队精神		4	20%
	创新能力		4	20%
教师评价（80%）	实训过程	团队意识	12	40%
		沟通协作能力	10	
		开拓精神	10	
	实训成果	内容完整性	8	40%
		格式规范性	8	
		方法适宜性	8	
		书写工整性	8	
	实训考勤	迟到	4	20%
		早退	4	
		缺席	8	

附录1　招 标 文 件 摘 录

使用说明：

（1）该附录是根据我国《简明标准施工招标文件（2012年版）》进行摘录和加工。《简明标准施工招标文件（2012年版）》适用于工期不超过12个月、技术相对简单且设计和施工不是由同一承包人承担的小型项目施工招标。

（2）摘录内容主要是与编制招标工程量清单、招标控制价、投标报价直接相关的部分。

（3）要求实训者模拟招标人和招标代理人，根据实训工程情况完善招标文件，即根据招标项目具体特点和实际需要填空，使招标文件具体化，确实没有需要填写的，在空格中用“/”标示，作为后续实训的相关条件。

（项目名称）施工招标

招 标 文 件

招标人：__________________（盖单位章）

____年____月____日

目　　录

说明：

1. 招标方式只能选择一种，这里只摘录了公开招标部分内容；

2. 评标办法只能选择一种，这里只摘录了经评审的最低投标价法部分内容；

3. 需要《简明标准施工招标文件（2012年版）》其他内容，可以上网下载，可以由出版社提供完整的示范文本。

第一章 招标公告（适用于公开招标）

___________（项目名称）施工招标公告

1. 招标条件

本招标项目_________（项目名称）已由_________（项目审批、核准或备案机关名称）以________________（批文名称及编号）批准建设，项目业主为_______________，建设资金来自_______________（资金来源），项目出资比例为_________，招标人为_________。项目已具备招标条件，现对该项目施工进行公开招标。

2. 项目概况与招标范围

建设地点：____

建设规模：____

计划工期：____

招标范围：____

3. 投标人资格要求

本次招标要求投标人须具备_____资质，并在人员、设备、资金等方面具有相应的施工能力。

4. 招标文件的获取

4.1 凡有意参加投标者，请于_____年_____月_____日至_____年_____月_____日，每日上午_____时至_____时，下午_____时至_____时（北京时间，下同），在___________________（详细地址）持单位介绍信购买招标文件。

4.2 招标文件每套售价_____元，售后不退。图纸资料押金_____元，在退还图纸资料时退还（不计利息）。

4.3 邮购招标文件的，需另加手续费（含邮费）_____元。招标人在收到单位介绍信和邮购款（含手续费）后_____日内寄送。

5. 投标文件的递交

5.1 投标文件递交的截止时间（投标截止时间，下同）为_____年_____月_____日_____时_____分，地点为_______________________________________。

5.2 逾期送达的或者未送达指定地点的投标文件，招标人不予受理。

6. 发布公告的媒介

本次招标公告同时在___________（发布公告的媒介名称）上发布。

7. 联系方式

招标人及联系方式（略）　　　　　　招标代理机构及联系方式（略）

____年____月____日

第二章　投 标 人 须 知

投标人须知前附表

条款号	条　款　名　称	编　列　内　容
1.1.2	招标人	名称： 地址： 联系人： 电话：
1.1.3	招标代理机构	名称： 地址： 联系人： 电话：
1.1.4	项目名称	
1.1.5	建设地点	
1.2.1	资金来源及比例	
1.2.2	资金落实情况	
1.3.1	招标范围	
1.3.2	计划工期	计划工期：______日历天 计划开工日期：____年____月____日 计划竣工日期：____年____月____日
1.3.3	质量要求	
1.4.1	投标人资质条件、能力	资质条件： 项目经理（建造师，下同）资格： 财务要求： 业绩要求： 其他要求：
1.9.1	踏勘现场	□不组织 □组织，踏勘时间： 踏勘集中地点：
1.10.1	投标预备会	□不召开 □召开，召开时间： 召开地点：
1.10.2	投标人提出问题的截止时间	
1.10.3	招标人书面澄清的时间	
1.11	偏离	□不允许 □允许
2.1	构成招标文件的其他材料	

续表

条款号	条 款 名 称	编 列 内 容
2.2.1	投标人要求澄清招标文件的截止时间	
2.2.2	投标截止时间	___年___月___日___时___分
2.2.3	投标人确认收到招标文件澄清的时间	
2.3.2	投标人确认收到招标文件修改的时间	
3.1.1	构成投标文件的其他材料	
3.2.3	最高投标限价	投标最高限价：_________元 本工程，规费计取人工费基数是_________元，安全文明施工费计取人工费基数为_________元，作为计取规费和安全文明施工费的基数，各投标人根据该基数按照_________的费率计算，计算基数不得调整。
3.3.1	投标有效期	___日历天
3.4.1	投标保证金	□不要求递交投标保证金 □要求递交投标保证金 投标保证金的形式： 投标保证金的金额：
3.5.2	近年财务状况的年份要求	_____年
3.5.3	近年完成的类似项目的年份要求	_____年
3.6.3	签字或盖章要求	（1）所有要求盖章的地方都应加盖投标人单位（法定名称）章（鲜章），不得使用专用印章（如经济合同章、投标专用章等）或下属单位印章代替。 （2）投标文件格式中要求投标人“法定代表人或其委托代理人”签字的，如法定代表人亲自投标而不委托代理人投标的，由法定代表人签字；法定代表人授权委托代理人投标的，由委托代理人签字，也可由法定代表人签字。
3.6.4	投标文件副本份数	_______份 投标文件副本由其正本复制（复印）而成（包括证明文件）。当副本和正本不一致时，以正本为准，但副本和正本内容不一致造成的评标差错由投标人自行承担。

续表

条款号	条　款　名　称	编　列　内　容
3.6.5	装订要求	投标文件的正本和副本一律用A4复印纸（图、表及证件可以除外）编制和复制。 投标文件的正本和副本应采用粘贴方式左侧装订，不得采用活页夹等可随时拆换的方式装订，不得有零散页。 若同一册的内容较多，可装订成若干分册，并在封面标明次序及册数。 投标文件中的证明、证件及附件等的复制件应集中紧附在相应正文内容后面，并尽量与前面正文部分的顺序相对应。
4.1.2	封套上应载明的信息	招标人地址： 招标人名称： ________（项目名称）投标文件 在____年____月____日____时____分前不得开启
4.2.2	递交投标文件地点	
4.2.3	是否退还投标文件	□否 □是
5.1	开标时间和地点	开标时间：同投标截止时间 开标地点：
5.2	开标程序	密封情况检查：由投标人代表交叉检查。 开标顺序：依投标文件的递交顺序开标。
6.1.1	评标委员会的组建	评标委员会构成：____人，其中招标人代表____人，专家____人。 评标专家确定方式：
7.1	是否授权评标委员会确定中标人	□是 □否，推荐的中标候选人数：
7.2	中标候选人公示媒介	
7.4.1	履约担保	履约担保的形式： 履约担保的金额：
9	需要补充的其他内容	
10	电子招标投标	□否 □是，具体要求：
……	……	

1. 总则

1.1 项目概况

1.1.1 根据《中华人民共和国招标投标法》等有关法律、法规和规章的规定，本招标项目已具备招标条件，现对本项目施工进行招标。

1.1.2 本招标项目招标人：见投标人须知前附表。

1.1.3 本招标项目招标代理机构：见投标人须知前附表。

1.1.4 本招标项目名称：见投标人须知前附表。

1.1.5 本招标项目建设地点：见投标人须知前附表。

1.2 资金来源和落实情况

1.2.1 本招标项目的资金来源及出资比例：见投标人须知前附表。

1.2.2 本招标项目的资金落实情况：见投标人须知前附表。

1.3 招标范围、计划工期、质量要求

1.3.1 本次招标范围：见投标人须知前附表。

1.3.2 本招标项目的计划工期：见投标人须知前附表。

1.3.3 本招标项目的质量要求：见投标人须知前附表。

1.4 投标人资格要求

1.4.1 投标人应具备承担本项目施工的资质条件、能力和信誉。

(1) 资质条件：见投标人须知前附表；

(2) 项目经理资格：见投标人须知前附表；

(3) 财务要求：见投标人须知前附表；

(4) 业绩要求：见投标人须知前附表；

(5) 其他要求：见投标人须知前附表。

1.4.2 投标人不得存在下列情形之一：

(1) 招标人为不具有独立法人资格的附属机构（单位）；

(2) 为本招标项目前期准备提供设计或咨询服务的；

(3) 为本招标项目的监理人；

(4) 为本招标项目的代建人；

(5) 为本招标项目提供招标代理服务的；

(6) 与本招标项目的监理人或代建人或招标代理机构同为一个法定代表人的；

(7) 与本招标项目的监理人或代建人或招标代理机构相互控股或参股的；

(8) 与本招标项目的监理人或代建人或招标代理机构相互任职或工作的；

(9) 被责令停业的；

(10) 被暂停或取消投标资格的；

(11) 财产被接管或冻结的；

(12) 在最近三年内有骗取中标或严重违约或重大工程质量问题的。

1.4.3 单位负责人为同一人或者存在控股、管理关系的不同单位，不得同时参加本招标项目投标。

1.5 费用承担

投标人准备和参加投标活动发生的费用自理。

1.6 保密

参与招标投标活动的各方应对招标文件和投标文件中的商业和技术等秘密保密，违者应对由此造成的后果承担法律责任。

1.7 语言文字

招标投标文件使用的语言文字为中文。专用术语使用外文的，应附有中文注释。

1.8 计量单位

所有计量均采用中华人民共和国法定计量单位。

1.9 踏勘现场

1.9.1 投标人须知前附表规定组织踏勘现场的，招标人按投标人须知前附表规定的时间、地点组织投标人踏勘项目现场。

1.9.2 投标人踏勘现场发生的费用自理。

1.9.3 除招标人的原因外，投标人自行负责在踏勘现场中所发生的人员伤亡和财产损失。

1.9.4 招标人在踏勘现场中介绍的工程场地和相关的周边环境情况，供投标人在编制投标文件时参考，招标人不对投标人据此作出的判断和决策负责。

1.10 投标预备会

1.10.1 投标人须知前附表规定召开投标预备会的，招标人按投标人须知前附表规定的时间和地点召开投标预备会，澄清投标人提出的问题。

1.10.2 投标人应在投标人须知前附表规定的时间前，以书面形式将提出的问题送达招标人，以便招标人在会议期间澄清。

1.10.3 投标预备会后，招标人在投标人须知前附表规定的时间内，将对投标人所提问题的澄清，以书面形式通知所有购买招标文件的投标人。该澄清内容为招标文件的组成部分。

1.11 偏离

投标人须知前附表允许投标文件偏离招标文件某些要求的，偏离应当符合招标文件规定的偏离范围和幅度。

2. 招标文件

2.1 招标文件的组成

2.1.1 本招标文件包括：(1) 招标公告（或投标邀请书）；(2) 投标人须知；(3) 评标办法；(4) 合同条款及格式；(5) 工程量清单；(6) 图纸；(7) 技术标准和要求；(8) 投标文件格式；(9) 投标人须知前附表规定的其他材料。

2.1.2 根据本章第1.10款、第2.2款和第2.3款对招标文件所作的澄清、修改，构成招标文件的组成部分。

2.2 招标文件的澄清

2.2.1 投标人应仔细阅读和检查招标文件的全部内容。如发现缺页或附件不全，应及时向招标人提出，以便补齐。如有疑问，应在投标人须知前附表规定的时间前以书面形式（包括信函、电报、传真等可以有形地表现所载内容的形式，下同)，要求招标人对招标文件予以澄清。

2.2.2　招标文件的澄清将以书面形式发给所有购买招标文件的投标人，但不指明澄清问题的来源。如果澄清发出的时间距投标人须知前附表规定的投标截止时间不足15天，并且澄清内容影响投标文件编制的，将相应延长投标截止时间。

2.2.3　投标人在收到澄清后，应在投标人须知前附表规定的时间内以书面形式通知招标人，确认已收到该澄清。

2.3　招标文件的修改

2.3.1　招标人可以书面形式修改招标文件，并通知所有已购买招标文件的投标人。但如果修改招标文件的时间距投标截止时间不足15天，并且修改内容影响投标文件编制的，将相应延长投标截止时间。

2.3.2　投标人收到修改内容后，应在投标人须知前附表规定的时间内以书面形式通知招标人，确认已收到该修改。

3. 投标文件

3.1　投标文件的组成

投标文件应包括下列内容：(1) 投标函及投标函附录；(2) 法定代表人身份证明或附有法定代表人身份证明的授权委托书；(3) 投标保证金；(4) 已标价工程量清单；(5) 施工组织设计；(6) 项目管理机构；(7) 资格审查资料；(8) 投标人须知前附表规定的其他材料。

3.2　投标报价

3.2.1　投标人应按第五章工程量清单的要求填写相应表格。

3.2.2　投标人在投标截止时间前修改投标函中的投标报价总额，应同时修改"已标价工程量清单"中的相应报价，投标报价总额为各分项金额之和。此修改须符合本章第4.3款的有关要求。

3.2.3　招标人设有最高投标限价的，投标人的投标报价不得超过最高投标限价，最高投标限价或其计算方法在投标人须知前附表中载明。

3.3　投标有效期

3.3.1　除投标人须知前附表另有规定外，投标有效期为60天。

3.3.2　在投标有效期内，投标人撤销或修改其投标文件的，应承担招标文件和法律规定的责任。

3.3.3　出现特殊情况需要延长投标有效期的，招标人以书面形式通知所有投标人延长投标有效期。投标人同意延长的，应相应延长其投标保证金的有效期，但不得要求或被允许修改或撤销其投标文件；投标人拒绝延长的，其投标失效，但投标人有权收回其投标保证金。

3.4　投标保证金

3.4.1　投标人须知前附表规定递交投标保证金的，投标人在递交投标文件的同时，应按投标人须知前附表规定的金额、担保形式和第八章投标文件格式规定的或者事先经过招标人认可的投标保证金格式递交投标保证金，并作为其投标文件的组成部分。

3.4.2 投标人不按本章第3.4.1项要求提交投标保证金的，评标委员会将否决其投标。

3.4.3 招标人与中标人签订合同后5日内，向未中标的投标人和中标人退还投标保证金及同期银行存款利息。

3.4.4 有下列情形之一的，投标保证金将不予退还：

（1）投标人在规定的投标有效期内撤销或修改其投标文件；

（2）中标人在收到中标通知书后，无正当理由拒签合同协议书或未按招标文件规定提交履约担保。

3.5 资格审查资料

3.5.1 “投标人基本情况表”应附投标人营业执照及其年检合格的证明材料、资质证书副本和安全生产许可证等材料的复印件。

3.5.2 “近年财务状况表”应附经会计师事务所或审计机构审计的财务会计报表，包括资产负债表、现金流量表、利润表和财务情况说明书等复印件，具体年份要求见投标人须知前附表。

3.5.3 “近年完成的类似项目情况表”应附中标通知书和（或）合同协议书、工程接收证书（工程竣工验收证书）复印件，具体年份要求见投标人须知前附表。每张表格只填写一个项目，并标明序号。

3.5.4 “正在施工和新承接的项目情况表”应附中标通知书和（或）合同协议书复印件。每张表格只填写一个项目，并标明序号。

3.6 投标文件的编制

3.6.1 投标文件应按第八章投标文件格式进行编写，如有必要，可以增加附页，作为投标文件的组成部分。其中，投标函附录在满足招标文件实质性要求的基础上，可以提出比招标文件要求更有利于招标人的承诺。

3.6.2 投标文件应当对招标文件有关工期、投标有效期、质量要求、技术标准和要求、招标范围等实质性内容作出响应。

3.6.3 投标文件应用不褪色的材料书写或打印，并由投标人的法定代表人或其委托代理人签字或盖单位章。委托代理人签字的，投标文件应附法定代表人签署的授权委托书。投标文件应尽量避免涂改、行间插字或删除。如果出现上述情况，改动之处应加盖单位章或由投标人的法定代表人或其授权的代理人签字确认。签字或盖章的具体要求见投标人须知前附表。

3.6.4 投标文件正本一份，副本份数见投标人须知前附表。正本和副本的封面上应清楚地标记“正本”或“副本”的字样。当副本和正本不一致时，以正本为准。

3.6.5 投标文件的正本与副本应分别装订成册，具体装订要求见投标人须知前附表规定。

4. 投标

4.1 投标文件的密封和标记

4.1.1 投标文件应进行包装、加贴封条，并在封套的封口处加盖投标人单位章。

4.1.2 投标文件封套上应写明的内容见投标人须知前附表。

4.1.3 未按本章第4.1.1项或第4.1.2项要求密封和加写标记的投标文件，招标人应予拒收。

4.2 投标文件的递交

4.2.1 投标人应在投标人须知前附表规定的投标截止时间前递交投标文件。

4.2.2 投标人递交投标文件的地点：见投标人须知前附表。

4.2.3 除投标人须知前附表另有规定外，投标人所递交的投标文件不予退还。

4.2.4 招标人收到投标文件后，向投标人出具签收凭证。

4.2.5 逾期送达的或者未送达指定地点的投标文件，招标人不予受理。

4.3 投标文件的修改与撤回

4.3.1 在投标人须知前附表规定的投标截止时间前，投标人可以修改或撤回已递交的投标文件，但应以书面形式通知招标人。

4.3.2 投标人修改或撤回已递交投标文件的书面通知应按照本章第3.6.3项的要求签字或盖章。招标人收到书面通知后，向投标人出具签收凭证。

4.3.3 投标人撤回投标文件的，招标人自收到投标人书面撤回通知之日起5日内退还已收取的投标保证金。

4.3.4 修改的内容为投标文件的组成部分。修改的投标文件应按照本章第3条、第4条规定进行编制、密封、标记和递交，并标明“修改”字样。

5. 开标

5.1 开标时间和地点

招标人在投标人须知前附表规定的投标截止时间（开标时间）和投标人须知前附表规定的地点公开开标，并邀请所有投标人的法定代表人或其委托代理人准时参加。

5.2 开标程序

主持人按下列程序进行开标：

(1) 宣布开标纪律；

(2) 公布在投标截止时间前递交投标文件的投标人名称，并点名确认投标人是否派人到场；

(3) 宣布开标人、唱标人、记录人、监标人等有关人员姓名；

(4) 按照投标人须知前附表规定检查投标文件的密封情况；

(5) 按照投标人须知前附表的规定确定并宣布投标文件开标顺序；

(6) 设有标底的，公布标底；

(7) 按照宣布的开标顺序当众开标，公布投标人名称、投标保证金的递交情况、投标报价、质量目标、工期及其他内容，并记录在案；

(8) 规定最高投标限价计算方法的，计算并公布最高投标限价；

(9) 投标人代表、招标人代表、监标人、记录人等有关人员在开标记录上签字确认；

(10) 开标结束。

5.3 开标异议

投标人对开标有异议的，应当在开标现场提出，招标人当场作出答复，并制作记录。

6. 评标

6.1 评标委员会

6.1.1 评标由招标人依法组建的评标委员会负责。评标委员会由招标人或其委托的招标代理机构熟悉相关业务的代表，以及有关技术、经济等方面的专家组成。评标委员会成员人数以及技术、经济等方面专家的确定方式见投标人须知前附表。

6.1.2 评标委员会成员有下列情形之一的，应当回避：

(1) 投标人或投标人主要负责人的近亲属；

(2) 项目主管部门或者行政监督部门的人员；

(3) 与投标人有经济利益关系；

(4) 曾因在招标、评标以及其他与招标投标有关活动中从事违法行为而受过行政处罚或刑事处罚的；

(5) 与投标人有其他利害关系。

6.2 评标原则

评标活动遵循公平、公正、科学和择优的原则。

6.3 评标

评标委员会按照第三章评标办法规定的方法、评审因素、标准和程序对投标文件进行评审。第三章评标办法没有规定的方法、评审因素和标准，不作为评标依据。

7. 合同授予

7.1 定标方式

除投标人须知前附表规定评标委员会直接确定中标人外，招标人依据评标委员会推荐的中标候选人确定中标人，评标委员会推荐中标候选人的人数见投标人须知前附表。

7.2 中标候选人公示

招标人在投标人须知前附表规定的媒介公示中标候选人。

7.3 中标通知

在本章第3.3款规定的投标有效期内，招标人以书面形式向中标人发出中标通知书，同时将中标结果通知未中标的投标人。

7.4 履约担保

7.4.1 在签订合同前，中标人应按投标人须知前附表规定的担保形式和招标文件第四章合同条款及格式规定的或者事先经过招标人书面认可的履约担保格式向招标人提交履约担保。除投标人须知前附表另有规定外，履约担保金额为中标合同金额的10%。

7.4.2 中标人不能按本章第7.4.1项要求提交履约担保的，视为放弃中标，其投标保证金不予退还，给招标人造成的损失超过投标保证金数额的，中标人还应当对超过部分予以赔偿。

7.5 签订合同

7.5.1 招标人和中标人应当自中标通知书发出之日起30天内，根据招标文件和中标人的投标文件订立书面合同。中标人无正当理由拒签合同的，招标人取消其中标资格，其投标保证金不予退还；给招标人造成的损失超过投标保证金数额的，中标人还应当对超过部分予以赔偿。

7.5.2 发出中标通知书后，招标人无正当理由拒签合同的，招标人向中标人退还投标保证金；给中标人造成损失的，还应当赔偿损失。

8. 纪律和监督

8.1 对招标人的纪律要求

招标人不得泄露招标投标活动中应当保密的情况和资料，不得与投标人串通损害国家利益、社会公共利益或者他人合法权益。

8.2 对投标人的纪律要求

投标人不得相互串通投标或者与招标人串通投标，不得向招标人或者评标委员会成员行贿谋取中标，不得以他人名义投标或者以其他方式弄虚作假骗取中标；投标人不得以任何方式干扰、影响评标工作。

8.3 对评标委员会成员的纪律要求

评标委员会成员不得收受他人的财物或者其他好处，不得向他人透漏对投标文件的评审和比较、中标候选人的推荐情况以及评标有关的其他情况。在评标活动中，评标委员会成员应当客观、公正地履行职责，遵守职业道德，不得擅离职守，影响评标程序正常进行，不得使用第三章评标办法没有规定的评审因素和标准进行评标。

8.4 对与评标活动有关的工作人员的纪律要求

与评标活动有关的工作人员不得收受他人的财物或者其他好处，不得向他人透漏对投标文件的评审和比较、中标候选人的推荐情况以及评标有关的其他情况。在评标活动中，与评标活动有关的工作人员不得擅离职守，影响评标程序正常进行。

8.5 投诉

投标人和其他利害关系人认为本次招标活动违反法律、法规和规章规定的，有权向有关行政监督部门投诉。

9. 需要补充的其他内容

需要补充的其他内容：见投标人须知前附表。

10. 电子招标投标

采用电子招标投标，对投标文件的编制、密封和标记、递交、开标、评标等的具体要求，见投标人须知前附表。

附件一：开标记录表（略）

附件二：问题澄清通知（略）

附件三：问题的澄清（略）

附件四：中标通知书（略）

附件五：中标结果通知书（略）

附件六：确认通知（略）

第三章　评标办法（经评审的最低投标价法）

评标办法前附表

条款号		评审因素	评审标准
2.1.1	形式评审标准	投标人名称	与营业执照、资质证书、安全生产许可证一致
		投标函签字盖章	有法定代表人或其委托代理人签字或加盖单位章
		投标文件格式	符合第八章投标文件格式的要求
		报价唯一	只能有一个有效报价
		……	……
2.1.2	资格评审标准	营业执照	具备有效的营业执照
		安全生产许可证	具备有效的安全生产许可证
		资质等级	符合第二章投标人须知第1.4.1项规定
		项目经理	符合第二章投标人须知第1.4.1项规定
		财务要求	符合第二章投标人须知第1.4.1项规定
		业绩要求	符合第二章投标人须知第1.4.1项规定
		其他要求	符合第二章投标人须知第1.4.1项规定
		……	……
2.1.3	响应性评审标准	投标报价	符合第二章投标人须知第3.2.3项规定
		投标内容	符合第二章投标人须知第1.3.1项规定
		工期	符合第二章投标人须知第1.3.2项规定
		工程质量	符合第二章投标人须知第1.3.3项规定
		投标有效期	符合第二章投标人须知第3.3.1项规定
		投标保证金	符合第二章投标人须知第3.4.1项规定
		权利义务	符合第四章合同条款及格式规定
		已标价工程量清单	符合第五章工程量清单给出的范围及数量
		技术标准和要求	符合第七章技术标准和要求规定
		……	……
2.1.4	施工组织设计评审标准	质量管理体系与措施	……
		安全管理体系与措施	……
		环境保护管理体系与措施	……
		工程进度计划与措施	……
		资源配备计划	……
		……	……
条款号		量化因素	量化标准
2.2	详细评审标准	单价遗漏	……
		不平衡报价	……
		……	……

1. 评标方法

本次评标采用经评审的最低投标价法。评标委员会对满足招标文件实质要求的投标文件，根据本章第2.2款规定的量化因素及量化标准进行价格折算，按照经评审的投标价由低到高的顺序推荐中标候选人或根据招标人授权直接确定中标人，但投标报价低于其成本的除外。经评审的投标价相等时，投标报价低的优先；投标报价也相等的，由招标人或其授权的评标委员会自行确定。

2. 评审标准

2.1 初步评审标准

2.1.1 形式评审标准：见评标办法前附表。

2.1.2 资格评审标准：见评标办法前附表。

2.1.3 响应性评审标准：见评标办法前附表。

2.1.4 施工组织设计评审标准：见评标办法前附表。

2.2 详细评审标准

详细评审标准：见评标办法前附表。

3. 评标程序

3.1 初步评审

3.1.1 评标委员会可以要求投标人提交第二章投标人须知第3.5.1项～第3.5.4项规定的有关证明和证件的原件，以便核验。评标委员会依据本章第2.1款规定的标准对投标文件进行初步评审。有一项不符合评审标准的，评标委员会应当否决其投标。

3.1.2 投标人有以下情形之一的，评标委员会应当否决其投标：

(1) 第二章投标人须知第1.4.2项、第1.4.3项规定的任何一种情形的；

(2) 串通投标或弄虚作假或有其他违法行为的；

(3) 不按评标委员会要求澄清、说明或补正的。

3.1.3 投标报价有算术错误的，评标委员会按以下原则对投标报价进行修正，修正的价格经投标人书面确认后具有约束力。投标人不接受修正价格的，评标委员会应当否决其投标。

(1) 投标文件中的大写金额与小写金额不一致的，以大写金额为准；

(2) 总价金额与依据单价计算出的结果不一致的，以单价金额为准修正总价，但单价金额小数点有明显错误的除外。

3.2 详细评审

3.2.1 评标委员会按本章第2.2款规定的量化因素和标准进行价格折算，计算出评标价，并编制价格比较一览表。

3.2.2 评标委员会发现投标人的报价明显低于其他投标报价，或者在设有标底时明显低于标底，使得其投标报价可能低于其成本的，应当要求该投标人作出书面说明并提供相应的证明材料。投标人不能合理说明或者不能提供相应证明材料的，评标委员会应当认定该投标人以低于成本报价竞标，否决其投标。

3.3 投标文件的澄清和补正

3.3.1 在评标过程中，评标委员会可以书面形式要求投标人对所提交的投标文件中不明确的内容进行书面澄清或说明，或者对细微偏差进行补正。评标委员会不接受投标人主动提出的澄清、说明或补正。

3.3.2 澄清、说明和补正不得改变投标文件的实质性内容。投标人的书面澄清、说明和补正属于投标文件的组成部分。

3.3.3 评标委员会对投标人提交的澄清、说明或补正有疑问的，可以要求投标人进一步澄清、说明或补正，直至满足评标委员会的要求。

3.4 评标结果

3.4.1 除第二章投标人须知前附表授权直接确定中标人外，评标委员会按照经评审的价格由低到高的顺序推荐中标候选人。

3.4.2 评标委员会完成评标后，应当向招标人提交书面评标报告。

第四章 合同条款及格式

第一节 通用合同条款

1. 一般约定

1.1 词语定义（略）

1.2 语言文字

合同使用的语言文字为中文。专用术语使用外文的，应附有中文注释。

1.3 法律

适用于合同的法律包括中华人民共和国法律、行政法规、部门规章，以及工程所在地的地方法规、自治条例、单行条例和地方政府规章。

1.4 合同文件的优先顺序

组成合同的各项文件应互相解释，互为说明。除专用合同条款另有约定外，解释合同文件的优先顺序如下：

（1）合同协议书；

（2）中标通知书；

（3）投标函及投标函附录；

（4）专用合同条款；

（5）通用合同条款；

（6）技术标准和要求；

（7）图纸；

（8）已标价工程量清单；

（9）其他合同文件。

1.5 合同协议书

承包人按中标通知书规定的时间与发包人签订合同协议书。除法律另有规定或合同另有约定外，发包人和承包人的法定代表人或其委托代理人在合同协议书上签字并盖单位章后，合同生效。

1.6 图纸和承包人文件

1.6.1 发包人提供的图纸

除专用合同条款另有约定外，图纸应在合理的期限内按照合同约定的数量提供给承包人。

1.6.2 承包人提供的文件

按专用合同条款约定由承包人提供的文件，包括部分工程的大样图、加工图等，承包人应按约定的数量和期限报送监理人。监理人应在专用合同条款约定的期限内批复。

1.7 联络

与合同有关的通知、批准、证明、证书、指示、要求、请求、同意、意见、确定和决定等重要文件，均应采用书面形式。

按合同约定应当由监理人审核、批准、确认或者提出修改意见的承包人的要求、请求、申请和报批等，监理人在合同约定的期限内未回复的，视同认可，合同中未明确约定回复期限的，其相应期限均为收到相关文件后7天。

2. 发包人义务

2.1 遵守法律（略）

2.2 发出开工通知（略）

2.3 提供施工场地（略）

2.4 协助承包人办理证件和批件（略）

2.5 组织设计交底（略）

2.6 支付合同价款（略）

2.7 组织竣工验收（略）

2.8 其他义务（略）

3. 监理人（略）

3.1 监理人的职责和权力（略）

3.2 总监理工程师

发包人应在发出开工通知前将总监理工程师的任命通知承包人。

3.3 监理人员

3.3.1 总监理工程师可以授权其他监理人员负责执行其指派的一项或多项监理工作。总监理工程师应将被授权监理人员的姓名及其授权范围通知承包人。被授权的监理人员在授权范围内发出的指示视为已得到总监理工程师的同意，与总监理工程师发出的指示具有同等效力。总监理工程师撤销某项授权时，应将撤销授权的决定及时通知发包人和承包人。

3.3.2 监理人员对承包人文件、工程或其采用的材料和工程设备未在约定的或合理的期限内提出否定意见的，视为已获批准，但不影响监理人在以后拒绝该项工作、工程、材料或工程设备的权利，监理人的拒绝应当符合法律规定和合同约定。

3.3.3 承包人对总监理工程师授权的监理人员发出的指示有疑问的，可在该指示发出的48小时内向总监理工程师提出书面异议，总监理工程师应在48小时内对该指示予以确认、更改或撤销。

3.3.4 除专用合同条款另有约定外，总监理工程师不应将第3.5款约定应由总监理工程师作出确定的权力授权或委托给其他监理人员。

3.4 监理人的指示（略）

3.5 商定或确定（略）

4. 承包人（略）

4.1 承包人的一般义务

4.2 履约担保（略）

4.3 承包人项目经理

承包人应按合同约定指派项目经理，并在约定的期限内到职。承包人项目经理应按合同约定以及监理人按第3.4款作出的指示，负责组织合同工程的实施。承包人为履行合同发出的一切函件均应盖有承包人授权的施工场地管理机构章，并由承包人项目经理或其授权代表签字。

4.4 工程价款应专款专用（略）

4.5 不利物质条件（略）

5. 施工控制网（略）

6. 工期（略）

7. 工程质量（略）

8. 试验和检验（略）

9. 变更（略）

9.1 变更权

在履行合同过程中，经发包人同意，监理人可按第9.2款约定的变更程序向承包人作出变更指示，承包人应遵照执行。

9.2 变更程序（略）

9.3 变更的估价原则

除专用合同条款另有约定外，因变更引起的价格调整按照本款约定处理：

（1）已标价工程量清单中有适用于变更工作的子目的，采用该子目的单价；

（2）已标价工程量清单中无适用于变更工作的子目，但有类似子目的，可在合理范围内参照类似项目，由监理人按第3.5款商定或确定变更工作的单价；

（3）已标价工程量清单中无适用或类似子目的单价，可按照成本加利润的原则，由监理人按第3.5款商定或确定变更工作的单价。

9.4 暂列金额（略）

暂列金额只能按照监理人的指示使用，并对合同价格进行相应调整。

9.5 计日工（略）

9.5.1 发包人认为有必要时，由监理人通知承包人以计日工方式实施变更的零星工作。其价款按列入已标价工程量清单中的计日工计价子目及其单价进行计算。

9.5.2 采用计日工计价的任何一项变更工作，应从暂列金额中支付，承包人应在该项变更的实施过程中，每天提交以下报表和有关凭证报送监理人审批：

（1）工作名称、内容和数量；

（2）投入该工作所有人员的姓名、工种、级别和耗用工时；

（3）投入该工作的材料类别和数量；

（4）投入该工作的施工设备型号、台数和耗用台时；

（5）监理人要求提交的其他资料和凭证。

9.5.3　计日工由承包人汇总后，按第10.3款的约定列入进度付款申请单，由监理人复核并经发包人同意后列入进度付款。

10. 计量与支付

10.1　计量

除专用合同条款另有约定外，承包人应根据有合同约束力的进度计划，按月分解签约合同价，形成支付分解报告，送监理人批准后成为有合同约束力的支付分解表，按有合同约束力的支付分解表分期计量和支付；支付分解表应随进度计划的修订而调整；除按照第9条约定的变更外，签约合同价所基于的工程量即是用于竣工结算的最终工程量。

10.2　预付款（略）

10.3　工程进度付款（略）

10.4　质量保证金（略）

10.5　竣工结算（略）

10.6　付款延误（略）

11. 竣工验收（略）

12. 缺陷责任与保修责任（略）

13. 保险（略）

14. 不可抗力（略）

15. 违约（略）

16. 索赔（略）

17. 争议的解决（略）

第二节　专用合同条款（略）

第三节　合同附件格式（略）

第五章　工 程 量 清 单

1. 工程量清单说明

1.1　本工程量清单是根据招标文件中包括的、有合同约束力的图纸以及有关工程量清单的国家标准、行业标准、合同条款中约定的工程量计算规则编制。约定计量规则中没有的子目，其工程量按照有合同约束力的图纸所标示尺寸的理论净量计算。计量采用中华人民共和国法定计量单位。

1.2　本工程量清单应与招标文件中的投标人须知、通用合同条款、专用合同条款、技术标准和要求及图纸等一起阅读和理解。

1.3　本工程量清单仅是投标报价的共同基础，实际工程计量和工程价款的支付应遵循合同条款的约定和第七章技术标准和要求的有关规定。

1.4　补充子目工程量计算规则及子目工作内容说明：＿＿＿＿＿＿＿＿＿＿。

2. 投标报价说明

2.1 工程量清单中的每一子目须填入单价或价格，且只允许有一个报价。

2.2 工程量清单中标价的单价或金额，应包括所需的人工费、材料和施工机具使用费和企业管理费、利润以及一定范围内的风险费用等。

2.3 工程量清单中投标人没有填入单价或价格的子目，其费用视为已分摊在工程量清单中其他相关子目的单价或价格之中。

2.4 暂列金额的数量及拟用子目的说明：________________________。

3. 其他说明（略）

4. 工程量清单（略）

第六章 图 纸

1. 图纸目录（略）

2. 图纸（略）

第七章 技术标准和要求（略）

第八章 投标文件格式（除了封面和目录，其他略）

（项目名称）

投　标　文　件

投标人：________________________（盖单位章）

法定代表人或其委托代理人：________（签字）

______年______月______日

目　　录

附录2　施工方案选择参考格式

____________________________工程（常规）施工方案选择

一、土石方工程

1. 本工程土方工程施工方法

2. 主要的土方施工机械

二、混凝土工程

1. 本工程混凝土工程均采取____________，以商品混凝土为主，现场搅拌为辅，除____________工程外，其他项目均采用商品混凝土。

2. 混凝土模板采取____________。

三、主要施工机械一览表

注：1. 工程常规施工方案选择时，实训者应了解工程所在地常规的施工方案，并模拟技术管理人员，对列项与计量相关的施工方案予以明确，作为编制招标工程量清单和招标控制价的依据。

2. 工程施工方案选择时，实训者应了解投标企业的技术水平，对列项与计量相关的具体施工方案予以明确，作为投标报价的依据。

3. 以上内容仅供参考。

附录3　图纸补充说明参考格式

____________________工程

图纸补充说明

<table>
<tr><td>

姓名：　　　　　班级：　　　　　学号：

建设单位签字（盖章）：　　　　　　　　设计单位签字（盖章）：

年　　月　　日　　　　　　　　　　　　年　　月　　日

</td></tr>
</table>

注：实训者应模拟设计单位和建设单位，对图纸中存在的错、漏、缺问题进行处理，形成的处理文件是编制造价文件的依据。以上内容仅供参考。

参 考 文 献

[1] 中华人民共和国国家标准．建设工程工程量清单计价规范 GB 50500—2013 [S]. 北京：中国计划出版社，2013.

[2] 中华人民共和国国家标准．市政工程工程量计算规范 GB 50857—2013 [S]. 北京：中国计划出版社，2013.

[3] 四川省建设工程造价管理总站. 四川省建设工程工程量清单计价定额——市政工程 [S]. 北京：中国计划出版社，2015.

[4] 四川省建设工程造价管理总站. 四川省建设工程工程量清单计价定额——爆破工程 建筑安装工程费用 附录 [S]. 北京：中国计划出版社，2015.

[5] 中国建设工程管理协会编．建设工程造价管理基础知识 [M]. 北京：中国计划出版社，2007.